基坑工程施工关键技术

冯大阔　卢海陆　叶雨山　编著

中国建筑工业出版社

图书在版编目（CIP）数据

基坑工程施工关键技术 / 冯大阔，卢海陆，叶雨山编著. —北京：中国建筑工业出版社，2024.3

ISBN 978-7-112-29591-3

Ⅰ. ①基… Ⅱ. ①冯… ②卢… ③叶… Ⅲ. ①基坑工程－工程施工 Ⅳ. ①TU46

中国国家版本馆CIP数据核字（2024）第019168号

责任编辑：高　悦　张　磊
责任校对：王　烨

基坑工程施工关键技术
冯大阔　卢海陆　叶雨山　编著
*
中国建筑工业出版社出版、发行（北京海淀三里河路9号）
各地新华书店、建筑书店经销
北京点击世代文化传媒有限公司制版
建工社（河北）印刷有限公司印刷
*
开本：787毫米×1092毫米　1/16　印张：13½　字数：276千字
2024年4月第一版　2024年4月第一次印刷
定价：**68.00**元
ISBN 978-7-112-29591-3
（42341）

本书编委会

EDITORIAL BOARD

序

PREFACE

我国在经济飞速发展、城市土地日益稀缺、建造技术突飞猛进等多重因素共同作用下，城市地下空间工程得到迅速发展，基坑工程的规模不断向着“深、大、近、难、险”的趋势发展。伴随着城市中基坑工程建设规模和建设难度的增大以及环境条件的日益复杂，对基坑工程的安全以及其施工过程对环境的影响控制等提出了更高的要求。

基坑工程施工技术水平在我国有了不小的提高，但也有不少失败的案例，轻则造成邻近建筑物开裂、倾斜，道路沉陷、开裂，地下管线错位，重则造成邻近建筑物倒塌和人员伤亡，不但延误工期，而且对人民生命和财产造成极大危害，社会影响极坏。在基坑工程实际施工过程中，对基坑工程施工质量造成影响的因素较多，亟需深入分析和总结相关施工关键技术，探讨其技术要点，明确其控制方法，以确保施工有效性。

中建七局紧密结合难险深重的基坑工程实践，推广了多种新型基坑开挖及支护方式，并对领域前沿的物联网、BIM（建筑信息模型）、三维激光扫描技术等做出了实际应用，反映了最新的技术进步和发展。通过总结近十几年来基坑工程领域的技术成果，充分体现了行业一流企业的技术共享理念，具有深厚的技术内涵和重大的实用价值，同时使先进基坑工程施工技术的优势得到有效发挥，显著提高工程安全性和经济性，从而满足工程建设和社会发展的需求。

该书编制思路清晰，应用实例丰富，是一本可以指导施工现场实际生产的专业书籍，也可作为拓展基坑工程施工知识面和视野的参考用书。希望本书的出版，能促进我国基坑工程施工水平的提升，提高对环境保护、施工监测等安全问题的认识。同时引领其他企业、团体总结并分享自身经验积累，对我国基坑工程施工技术的发展起到有效的推动作用。

前　言

FOREWORD

随着近年来大体量、大规模工程项目的发展，涌现了大量技术复杂的基坑工程建设项目，中建七局在基坑实践过程中，已向超深、超大和信息化智能监测技术发展，积累了丰富的实践经验，极大地提升了基坑工程的技术水平，逐渐形成了一批具有自主知识产权的技术成果。站在总结过去成果、指导今后发展的里程碑上，与行业分享中建七局近年来基坑工程行业的技术成果与工程案例，以求能够为读者加强对基坑领域的深层次认识，方便一线设计、施工从业人员在实际工作中参考使用。

本书经编委会多次深入讨论和精心修改，对全书的内容做了精心的选择和安排，充分体现了全面性、新颖性和实用性。首先是全面性，本书按照基坑工程施工顺序与监测、环境保护等各方面内容做了全面展示，并且每章均包含技术概述、技术特点、工艺流程、技术要点与工程案例，做到理论与实践并重。新颖性体现在本书内容结合工程局近年来深难特大的基坑工程实践，总结了最新的技术方法和进步，每项关键技术都总结出应用效果，均有论文、工法、专利以及行业奖项支撑。实用性体现在着重增加了大量的各类基坑工程实例，具体阐述了典型工程的周边环境与工程地质条件等内容，既有技术理论与实践经验的结合，又有图文并茂的讲解，提高了本书的指导意义。

本书编写中总结梳理了中建七局近年在基坑工程领域的技术成果，同时得到了中建七局局属多家施工单位的大力支持，提供现场资料、组织工程案例编写等，并提出大量宝贵意见。本书得到国家自然科学基金面上项目（52079126）的资助。对支持和帮助本书编写的单位与个人，在此一并鸣谢。

本书虽经多遍审校，但由于时间仓促及限于学术水平，疏漏和错误之处，敬请广大读者理解并批评指正。

编者

2023 年 10 月

目　录

CONTENTS

第 1 章　绪论……………………………………………………………… 001

1.1　基坑工程发展概况 ……………………………………………… 002
1.2　基坑工程施工技术发展概况…………………………………… 003
1.3　基坑工程施工技术发展趋势…………………………………… 006

第 2 章　地下水控制关键技术………………………………………… 009

2.1　新型气动降水施工关键技术…………………………………… 010
2.2　砂土地质钢管井井点降水非钻孔机成孔关键技术…………… 020
2.3　轻型井点局部降水免封堵关键技术…………………………… 027
2.4　CSM 等厚度水泥土搅拌墙止水帷幕施工关键技术 ………… 033
2.5　深基坑多管井降水回收利用关键技术………………………… 041
2.6　施工阶段地下暗泉封堵施工关键技术………………………… 049

第 3 章　土方施工关键技术…………………………………………… 055

3.1　软土深基坑“一个断面三台挖机”跳仓挖土关键技术……… 056
3.2　深窄基槽预拌流态固化土回填施工关键技术………………… 064
3.3　闹市区狭小空间临地铁逆作法施工关键技术………………… 071
3.4　液压静力裂解石方施工关键技术……………………………… 079

第 4 章　基坑支护关键技术…………………………………………… 087

4.1　新型双芯扩体桩锚基坑支护施工关键技术…………………… 088

4.2　桩土撑组合式基坑支护施工关键技术 ………………………………… 099
4.3　可回收“土钉＋钢面板”装配式基坑支护施工关键技术……………… 107
4.4　装配式预应力型钢组合支撑施工关键技术 ……………………………… 116
4.5　钻孔咬合灌注桩施工关键技术 …………………………………………… 128

第 5 章　复杂环境下基坑支护关键技术……………………………………… 141

5.1　基坑支护遇老旧防空洞钢护筒施工关键技术 …………………………… 142
5.2　高差错接深基坑支护施工关键技术 ……………………………………… 148
5.3　受限空间悬臂式基坑支护施工关键技术 ………………………………… 155
5.4　复杂地质条件下深基坑钢板桩施工关键技术 …………………………… 162
5.5　复杂环境下 SMW 工法桩＋灌注桩外拉锚组合保护既有管线施工关键技术 169
5.6　复杂拐角环境下地下连续墙 T 字形接缝施工关键技术………………… 176

第 6 章　基坑监测关键技术…………………………………………………… 185

6.1　基于物联网的深基坑自动化监测关键技术 ……………………………… 186
6.2　基于三维激光扫描的深基坑实时监测预警关键技术 …………………… 192
6.3　基于 BIM+3D 激光扫描的复杂深基坑监测关键技术　………………… 200

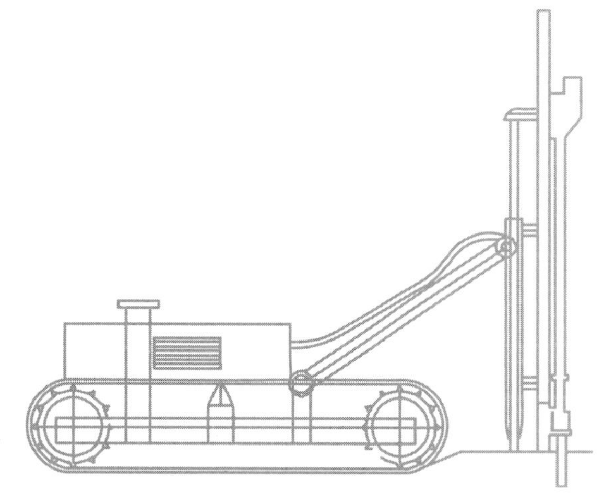

第 1 章　绪论

1.1 基坑工程发展概况

基坑工程是确保建（构）筑物地下结构工程正常施工的综合性系统工程，要求不影响周围建（构）筑物、道路和地下管线等安全以及正常使用，主要包括地下水控制、土方施工、基坑支护、基坑监测等。

基坑工程随着高层和超高层的涌现、城市地下空间的迅速发展以及基础设施的改扩建得到了快速发展。深基坑工程在国内一直保持平稳向前发展，超深、超大基坑工程在施工时面临更多的挑战和危机，在深基坑工程施工中，针对不同的施工工况现已采取了不同的措施，积累了一定的施工经验，使深基坑技术的优势得到有效发挥，显著提高工程安全性和经济性。

高速的城市化进程促进了基坑工程的快速发展，纵观基坑工程的发展历程，大概可以分为四个不同的阶段，具体如下：

（1）发展起步阶段

在发展初期，深基坑常见于一些规划 1 ~ 2 层地下室的建筑物，其基础形式常采用筏板基础，开挖深度一般在 10m 范围内。由于当时水文地质勘察技术不足，开挖设计欠周详，施工技术水平一般，围护结构常采用板桩、排桩等刚度小的结构，支撑系统起初常采用木支撑，后逐渐采用型钢支撑，增强了支撑系统的刚度，同时，锚杆内支撑系统也有一定的应用。但由于当时的设计施工水平较差，而且相应的设计理论并不完善，常导致基坑发生失稳破坏，并因此引发周边建（构）筑物及管线发生破坏，主要原因是基坑支护刚度不够而引发过大的变形、在软弱地层中围护墙插入深度不足、坑底隆起严重、砂质地层中引起地下水渗漏、流砂而导致的基坑破坏。同时，由于工程事故的频发，工程界逐渐意识到水文地质条件勘察的重要性，并逐渐增强了基坑施工过程实时监测的意识。

（2）安全监测发展阶段

高层及超高层建筑兴起，地下室常设计为 3 ~ 4 层，基坑开挖深度显著增大，常达到 15m 及以上。此时勘察、设计及施工水平有了较大程度的提升，同时意识到施工工序对基坑稳定性的影响，逐渐形成了适用于深基坑开挖的步骤。

在这一阶段的基坑支护设计中，由于尚未有实用的基坑开挖分析软件，工程界一般采用结构力学中连续墙的分析理论对围护结构进行设计，并为保证基坑施工过程安全及周边环境安全，加强了施工的安全监测，且通过实时的监测，预估下一步施工可能引发的基坑变形，形成了较为丰富的基坑开挖经验和监测成果，为之后类似工程的设计及施工提供极富价值的参考。

（3）技术跃升阶段

在该阶段中，学术界基于先前的施工经验和监测成果，开始尝试采用有限元方法对以往的工程案例进行分析，并逐渐研发了一些分析软件，为有效预测基坑工程的变形奠定良好的基础。但由于设计分析经验不足，且相应的参数选用取值并不明确，分析的精度仍有待进一步提高。直至对土体采用了较为符合实际的弹塑性本构理论进行分析，方取得较为合理的结果。

伴随着计算机技术的发展，各种数值分析软件也得到了广泛的发展和应用，同时土体的真实应力应变关系在软件中也得到了更为合理的模拟，从而使数值分析手段能更为广泛地被工程界所接受，对预测基坑的变形及保护周边环境有了长足的进步。

（4）环境保护阶段

随着基坑开挖深度的增大，并且更主要集中于繁华市区，环境保护条件更为苛刻，基坑开挖过程中如何有效地保护周边环境成了现阶段基坑设计及施工的主题。

为了更好地保护基坑周边环境，基坑的时空效应理论在工程界有了更为广泛的认识，无论在设计环节还是施工环节，都逐渐强化基坑时空效应的理念，这对于更有效地保护基坑周边环境有着重要的意义，具体主要表现为：根据基坑的形状，依据对称、平衡的原则进行分层分块开挖，合理安排开挖部位的先后顺序，并详细确定每步开挖的尺寸、开挖时间、支撑时限及预应力大小，尽量降低由于土体卸载导致的应力不平衡，并减少坑底无支撑的暴露时间，充分利用基坑变形的时空效应进行作业。

1.2　基坑工程施工技术发展概况

基坑工程地下水控制起源于 19 世纪工业革命，英国铁路工程师罗伯特·斯蒂芬逊首次将蒸汽泵技术运用于铁路基坑的地下水控制，这种在基坑四周布置排水井的方法沿用至今。进入到 20 世纪，地下水控制技术得到了显著发展，出现目前仍在沿用的井点系统，并出现了喷射井点降水技术。随着大量工程经验的积累，工程师们在建设项目规划初期就开始勘察地下水情况，并提前安排控制措施。这一阶段还有一个变化是计算机行业的迅速发展，电子技术为实时监测地下水位以及地面沉降提供了便利，并且为抽水项目实现了一定程度的自动化。发展至今，常用的排水法有轻型井点降水、喷射井点降水、管井降水等；常用的阻水法有钢板桩阻水、混凝土防渗墙阻水、水泥搅拌桩阻水、人工地层冻结阻水等。

基坑开挖和支护技术的发展是一种互相促进、互相影响的过程。早期的开挖常采用放坡的形式，后来随着开挖深度增加、放坡面空间受到限制产生了支护开挖。放坡开挖既简单又经济，一般在条件具备时优先选用，但目前深基坑工程大多是在城市区域内修建，基坑较深而场地往往又比较狭小，不具备放坡开挖条件，通常采用有支护开挖。根据不同的工程地质条件、水文地质条件及场地环境条件等，目前在深基坑支护工程中使用的新技术主要有复合土钉墙、新型地下连续墙、排桩支护（桩锚、桩撑、双排桩、“桩墙合一”）、逆作法、紧邻建筑物“零占位”基坑支护方法、人工冻结法、联合支护（土钉墙＋桩锚、土钉墙＋桩撑、土钉墙＋地下连续墙等）。

国内基坑监测技术应用较广泛，目前绝大多数深基坑工程都进行了施工期监测，通过设定监测项目的控制值，监测和保障基坑施工和周边环境的安全。但是，传统的基坑监测只是起到了一些简单的反馈作用，并不能最终使监测成果的反馈达到更深的层次。随着物联网、无线通信技术的发展，基坑监测智能化、自动化也在逐步发展中，实际监测过程中，将自动监控技术应用于基坑工程，既能节省人力物力，又能有效地降低工程造价，提高工程的安全和质量。自动化监测系统中的收集数据及时传输到数据库，以便监测站和数据处理中心可以同时监测深基坑，目前自动化监测技术正在朝着智能化、集成化的方向发展。

近年来随着城市化和地下空间利用的不断发展，高层、超高层建筑日益增多，地铁车站、铁路客站、地下停车场、地下商场、地下通道、桥梁基础等各类大型工程不断涌现，推动了基坑工程理论与技术水平的快速发展。地下水控制技术、围护结构施工技术、基坑监测技术、信息化施工技术以及环境保护技术等各方面都得到了很大的发展和提高。

1. 基坑工程新特点

（1）规模越来越大

主楼与裙楼连成一片、大面积地下车库、地下商业与休闲中心一体化开发的模式频频出现，使得面积在 10000 ~ 50000m^2 的基坑越来越多，有些甚至大于 100000m^2。典型的基坑工程如上海铁路南站北广场，基坑开挖面积 40000m^2；天津于家堡金融起步区一期工程超大规模基坑群的基坑总开挖面积达到 140000m^2；上海虹桥交通枢纽工程的基坑开挖面积更是高达 400000m^2。

（2）开挖深度越来越大

开挖深度达到 20 ~ 30m 的基坑越来越多，有的甚至大于 50m。典型的基坑工程如广州地铁珠海广场站，开挖深度 27m；润扬大桥南汉北锚碇深基坑开挖深度达到 50m；为满足上海苏州河深层排水调蓄工程需求的竖井设计最大挖深达到 70m。

（3）周边环境复杂敏感

我国城镇化进程的加速以及城市轨道交通建设的飞速发展，使得基坑工程的周边环境更加复杂敏感。典型的基坑工程如南京紫峰大厦，紧邻的南京地铁 1 号线隧道距基坑仅 5m；上海兴业银行大厦，周边紧邻 8 栋上海市优秀近代保护建筑且周边有年代久远的地下管线；上海太平洋广场二期基坑距地铁 1 号线隧道外边线仅 3.8m；上海越洋广场基坑紧贴运营中的地铁 2 号线静安寺车站结构外墙，开挖过程中暴露地铁车站的地下连续墙。

2. 基坑工程技术新进展

（1）超深地下连续墙技术

地下连续墙具有刚度大、变形小、抗渗性能好、适用范围广、可作为地下室外墙等显著优点，被认为是深基坑工程中最佳的挡土止水结构之一。随着城市地下空间开发利用朝着大深度方向发展，地下连续墙深度也越来越深，且穿越的地层也越来越错综复杂。一般 50m 以上深度的地下连续墙可称为超深地下连续墙。复杂地层中的超深地下连续墙施工涉及成墙工效、接头形式、槽壁稳定与垂直度控制等一系列难题。新型施工装备如铣槽机及新型接头技术为超深地下连续墙的施工提供了有效手段。

（2）支护结构与主体结构相结合技术

支护结构与主体结构相结合是采用主体地下结构的一部分构件（如地下室外墙、水平梁板、中间支承柱和桩）或全部构件作为基坑开挖阶段的支护结构，不设置或仅设置部分临时支护结构的一种设计和施工方法。从构件相结合的角度而言，支护结构与主体结构相结合包括 3 种类型，即地下室外墙与围护墙体相结合、结构水平梁板构件与水平支撑体系相结合、结构竖向构件与支护结构竖向支承系统相结合。

（3）承压水控制技术

地下水对基坑工程的施工安全具有重要影响。随着基坑工程向超深方向发展，以南京、上海、武汉为代表的沿江沿海地区深基坑工程面临严峻的深层地下水控制问题。由于地层的复杂性及基坑开挖深度的增加，由承压水处理不当而引起的工程事故时有发生，承压水处理给深基坑工程带来了较大的挑战。超深等厚度水泥土搅拌墙技术为深大基坑工程深层地下水控制提供了新对策，该技术根据不同成墙工艺可分为渠式切割水泥土搅拌墙技术（TRD 工法）和铣削式水泥土搅拌墙技术（SMC 工法），这两项技术各具特点，可应对不同工程需求。

（4）复杂环境条件下的软土深基坑变形控制技术

1）软土深基坑环境影响分析方法

软土地区复杂环境条件下基坑工程的设计已由支护结构强度控制转到基坑和周边环境变形控制。数值方法能模拟复杂的土层特征和开挖过程，已成为分析敏感环境条件下的深基坑工程最重要的技术手段。数值分析中的一个关键问题是要采用合适的土体本构模型。研究表明，能反映土体在小应变（应变水平小于 1%）时变形特征的弹塑性模型应用于基坑开挖分析时具有更好的适用性，因此分析基坑开挖对周边环境影响时，宜采用能反映土体小应变特性的弹塑性本构模型。

2）软土深基坑变形控制技术

①时空效应法。充分利用软土基坑的时空效应，可有效地控制基坑变形。对于长

条形深基坑或大宽度深基坑，根据基坑形状、环境保护情况和支撑布置情况采用分层、盆式分块开挖方式施工，可起到有效控制变形的作用。

②分区施工法。将一个大基坑分成两个或更多小基坑进行施工也是控制软土基坑变形的有效方式。分区施工可采用分区顺逆作和分区顺作两种方式。分区顺逆作结合一般是将大基坑分成两个面积具有可比性的小基坑；分区顺作施工一般是将基坑分成一个较大的基坑和一个或多个长条形小基坑，并都采用顺作法施工。

③钢支撑轴力补偿法。对于邻近地铁等环境保护要求非常高的狭长形小基坑，可采用轴力自动补偿系统钢支撑，钢支撑支设后马上就能发挥支撑的作用，大大减少了无支撑暴露时间，且通过自动施加预应力控制变形。

④土体加固法。通过对坑内被动区土体进行加固，可提高被动区土体抗力，从而减小基坑变形。加固方法包括注浆法、高压喷射注浆法、水泥土搅拌法等。

⑤隔断法。采用钢板桩、地下连续墙、树根桩、深层搅拌桩等构成隔断墙，以减小基坑施工对周边环境的影响，如图 1.2-1 所示。也可采用图 1.2-2 所示的隔水墙方法，通过在围护墙和周边建（构）筑物之间设隔水墙，减小基坑施工对周边环境的影响。

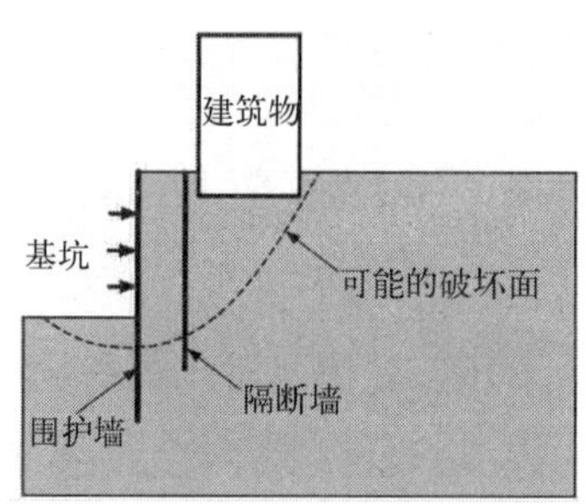

图 1.2-1　隔断墙法保护示意图

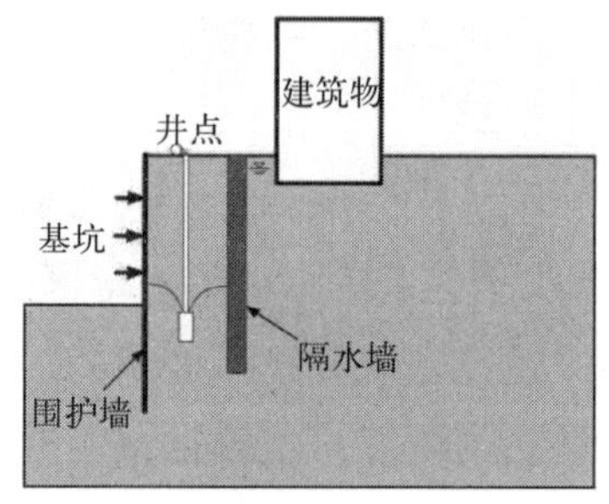

图 1.2-2　隔水墙法保护示意图

1.3　基坑工程施工技术发展趋势

随着人们对地下空间资源需求的不断增加，基坑工程施工新技术无论在工程实践中，还是在理论研究上都会有很大的进展，使得基坑工程更加安全、适用、经济、环保，从而满足工程建设和社会发展的需求。在未来如何根据工程建设的实际需求，对围护结构进行优化，发展新型基坑围护体系和围护新技术，将是深基坑工程领域的主要发展趋势。未来基坑工程施工技术将有以下发展方向：

1. 基坑工程绿色施工

目前国家大力倡导绿色施工，就基坑工程绿色施工而言，还包括了以下几方面：

（1）在设计和施工方案确定时要充分考虑土的各种特性、支挡结构的原理和对基坑产生的时空效应。积极研究开发新的符合可持续发展和绿色施工的支护形式，使临时的支护结构和永久的主体结构相结合。

（2）利用信息化技术，将深基坑设计、施工、监测紧密结合。

（3）以绿色施工为指导，选择合理的支护方式和降水措施，在降水的同时要做好地下水的保护，减少污染和对周边环境的影响。

2. 基坑工程 BIM 技术应用

将 BIM 技术的可视化、协调性、模拟性、优化性和可出图性等优势特点应用到基坑工程设计和施工，以基坑的 BIM 信息模型为基础，将多个参建单位结合起来，实现信息的共享与合作。改善沟通效果、控制工程质量、节约投资，并能使工程增值，作为基坑工程信息化设计和施工的手段将会迅速发展。基坑工程 BIM 模型如图 1.3-1 所示。

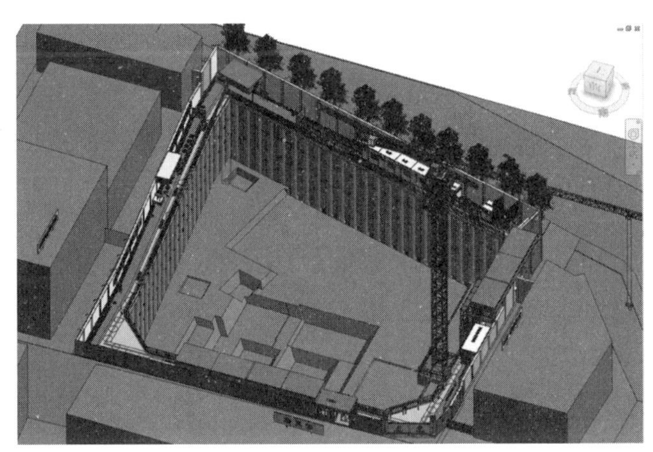

图 1.3-1 基坑工程 BIM 模型示意图

3. 基坑工程信息化施工

基坑工程施工是一个动态的过程，其空间大小和形状的变化、周围环境条件的渐变、工程地质条件与水文地质条件的变化、开挖深度及施工过程中的扰动等众多不确定性因素都会对围护体系的工作产生较大的不良影响，对施工作业环境及周边环境造成威胁，因此施工过程中要遵循“边观察、边施工”的原则，实施动态监测、动态施工、动态设计。其中，监测工作是信息化施工的前提，是在施工过程中进行科学决策的重要依据，也是确保施工安全与经济的重要保证，所以制定完整的监测方案，实时同步监测数据，实施信息化施工，才能做到安全生产，未来在基坑工程领域信息化监测施工新设备、新技术的发展将成为必然趋势。

4. 基坑方案选型优化

基坑支护方案选择时，传统的做法是，在满足安全的要求下，使基坑工程的总投资最少，即以工程经济指标作为方案优选的最终目标。而在倡导可持续发展、节能减排的今天，基坑方案的选择应当考虑基坑工程的可持续发展。发达国家已将工程方案论证比较的指标体系从“技术、经济比较”转变为“技术、经济、环境比较”，具体到基坑工程，初步归纳为关于方案选型中降低材料消耗、保护地下水环境、有利于地下空间开发利用的问题。

（1）以材料消耗最小为目标的基坑方案选型，从降低材料消耗、污染物排放的目标出发，当前的基坑方案选型中应重点考虑以下一些形式：“一墙多用”的地下连续墙方案，集基坑施工阶段挡土隔水、建筑物使用阶段为结构外墙为一体的地下连续墙，在水泥、砂石、钢材等主要材料消耗上，优于止水帷幕 + 隔水帷幕 + 单独外墙的常规方案。型钢水泥土搅拌墙方案，型钢水泥土搅拌墙为集挡土、隔水为一体的复合结构，型钢可回收重复使用，与钢筋混凝土灌注桩 + 隔水帷幕相比，材料消耗小，环保性能好。钢支撑方案，钢支撑具有可多次重复使用的特点，相对于钢筋混凝土支撑、预应力锚杆其环保性能优越。

（2）基坑方案选型需有利于地下空间的开发利用。随着城市建设理念的转变，城市将更多地利用地下空间，城市交通、公共设施、人居空间、资源存储等将大量转入地下。而当前基坑工程中，锚杆、土钉等施工超越红线，形成较大的障碍，此外，锚杆施工对地基土的扰动往往引起地基变形，从而影响其上既有建筑物、市政设施、道路等正常使用。国内个别城市（如上海）明文规定，临时的基坑支护结构与主体结构一视同仁，必须位于工程场地的用地范围内。该项规定值得各地效仿，尤其是有地下空间开发规划的大中城市。

（3）基坑方案选型与地下水环境保护。地下水位降低引起的地面沉降，已属于地质灾害的范畴，在全世界受到了前所未有的重视。水资源的短缺和水质污染在国内诸多城市日益严重。不仅要采取科学合理的技术措施，加强地下水资源的管理和保护，防止相关地质灾害发生，对施工降水工作采取各方面限制措施。此外，限制基坑工程中的回灌，避免水质污染造成的水资源短缺及供需矛盾，因此在基坑工程中采用回灌需十分慎重，一方面需要技术人员提高对水资源价值的认识和责任感，同时更加需要政府从行政法规、法律、经济等方面给予引导与支持。

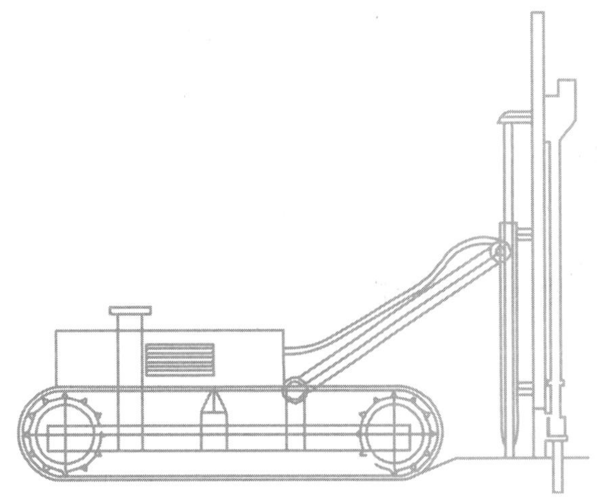

第 2 章　地下水控制关键技术

在城市建设过程中，由于所在场地工程地质和水文地质条件的复杂性以及基坑开挖深度的不断增加，对基坑地下水控制的要求也越来越高。为了减小地下水对基坑开挖与支护的影响，保证土方开挖和基础施工处于干燥环境，地下水控制措施主要分为两种方式：一种是直接抽取地下水以便降低地下水位，另一种是通过设置止水帷幕隔断地下水的补给来源。本章从技术概况、技术特点、工艺流程、技术要点等多方面总结了新型气动降水施工、砂土地质钢管井井点降水非钻孔机成孔等 6 项地下水控制关键技术，并结合实际工程案例总结了各项关键技术的应用效果。

2.1 新型气动降水施工关键技术

2.1.1 技术概况

基坑工程降水采用传统的管井时，每口井都要有一个电闸箱、一台电动潜水泵抽水。电动潜水泵放置在水中，易损坏并有安全隐患；由于基坑降水井数量比较多，少则几十口，多则几百上千口。施工现场基坑内，连接电动水泵的电缆线用量大，纵横交错，现场用电维护工作量较大，拆装移动位置不方便，现场施工存在较大的安全用电隐患；在降水过程中，降水井内的水不断减少，需要人工开停，开停频繁则增加人工，开停不频繁则浪费电能。

新型气动降水施工技术通过传感器和变频器的使用，实现了气动降水泵的自动启停，节约用电；气动降水通过使用气管控制气泵，较传统降水节约了用电配电箱和电缆，降低了施工成本和安全隐患，显著提升了现场安全文明施工形象。

新型气动降水施工关键技术适用于基坑水位较高、水量丰富区域，基坑施工交叉作业多时，气动降水拆装方便、能满足现场施工需求。

2.1.2 技术特点

（1）安全可靠。气动降水技术无需使用电动潜水泵，实现管井内无电化降水。

（2）节约成本。气动降水技术使用用电设备数量为传统降水的 1/20，电缆线使用数量为传统降水的 1/25，减少了设备和电缆的采购成本；传感器和变频器的使用，实现了有水即抽、无水即停。相比传统降水泵节约用电 40% 以上。

（3）功能强大。气动降水可以实现自动控制、流量统计、即时渗水流速监测、扬程和出水量可调节等。

（4）安拆方便。气动降水排水管道和供气管道采用标准化的快速接头，安拆方便，外观整齐。

2.1.3 工艺流程

新型气动降水施工工艺流程见图 2.1-1。

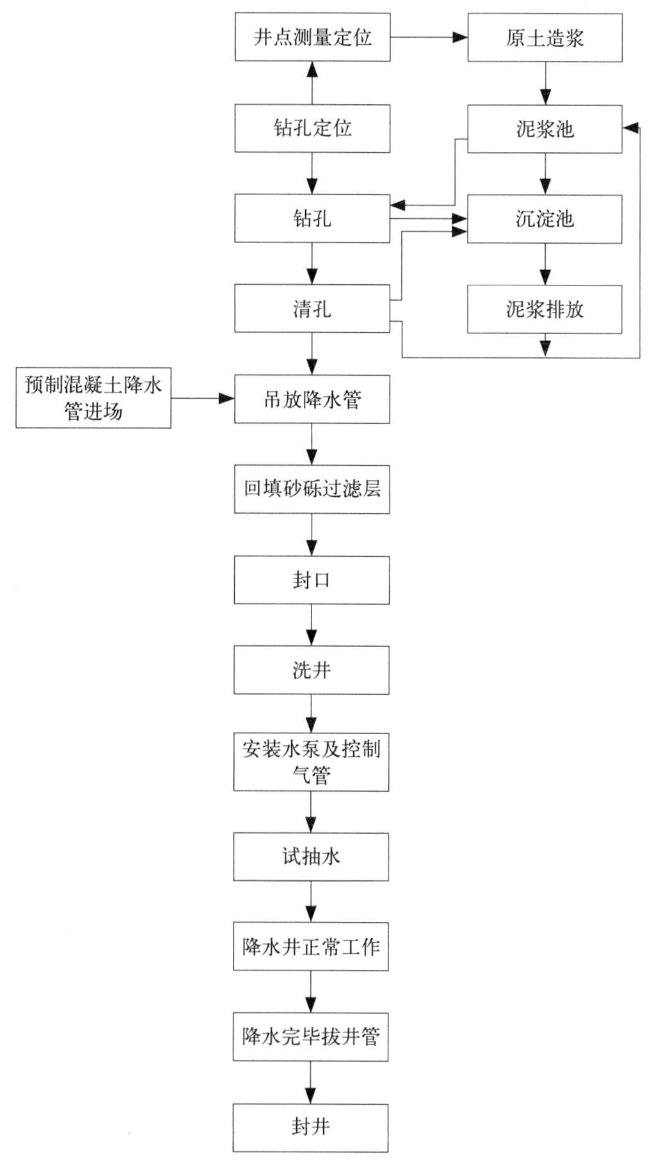

图 2.1-1 新型气动降水施工工艺流程图

2.1.4 技术要点

1. 降水井施工

(1) 测量定位

根据施工图测设出降水井的中心点，井位偏差不应大于 0.1m，因障碍物影响时可进行局部调整，但不得影响基础构件。井位应设立显著标志，采用钢钎打入地面以下 300mm，并灌白石灰粉作标记。

（2）钻孔定位

以定好的井位点为中心，700mm 为直径作圆，采用人工向下开挖 0.50m 作为井口。确认无地下管线及地下构筑物后放钢护筒，护筒外侧填黏土封隔好表层杂填土，以防钻井冲洗液漏失。

（3）开挖泥浆池

距井口 2m 距离采用钩机开挖长宽深为 4m × 2m × 1m 的泥浆池，坑底部及周围采用聚乙烯塑料进行防护。将泥浆池与井口采用 500mm × 500mm 的沟槽连接。

（4）桩机就位

桩机就位时需用水准仪找平，并做好标高测量，以保证井底高程。做到稳固、周正、水平，以保证钻进过程中的钻机稳定。起落钻塔必须平稳、准确。钻机就位偏差应小于 20mm，钻塔垂直度偏差应小于 1%。

（5）钻井

钻进过程中要随时观察泥浆的流损变化，水的补充要随泥浆的流损情况及时调整，一般应保持泥浆不低于井口下 1m，当钻遇卵石层，冲泥浆大量流失时，应加大补水量，必要时应投入适量的泥土形成一定黏度的泥浆以控制泥浆漏失，防止塌孔事故。在以黏土为主的地层中钻井时，由于钻井自造浆较稠，钻进效率低，此时可排走一部分泥浆，补充清水，调整泥浆密度至适宜状态。钻进中发现塌孔、斜孔、缩孔时应及时处理。

（6）下管

1）检查井管有无残缺、断裂及弯曲情况。

2）将底层管堵与第一节井管公母接口连接，采用尼龙网进行缠绕两层，在外侧对称放上三根竹批，每 0.5m 用铁丝固定两圈。

3）将井管最底端采用成品木质底托塞紧，将钢丝绳一头固定在井字架上，另一头套住底托凹槽稳定后缓慢下降。

4）使井管居于井孔正中，避免倾斜，并固定。

5）下降第二节井管时，注意连接的公母接口，动作轻缓。

6）井管安放应垂直并位于井孔中间；管顶部比自然地面高 0.5m 左右。

（7）填料

安装完井管后，在无砂滤水井管外侧与井壁之间填砾料。

1）砾料应沿管径周围缓慢填入，防止冲歪井管，一次不可填入过多。

2）接近井口 1.0m 处，用黏土封严，以防地面水、雨水流入。

3）粒径应大于滤网的孔径，宜为 2 ~ 4mm 的细卵石。砂砾滤料必须符合级配要求，将设计砂砾上、下限以外的颗粒筛除，合格率要大于 90%，杂质含量不大于 3%；

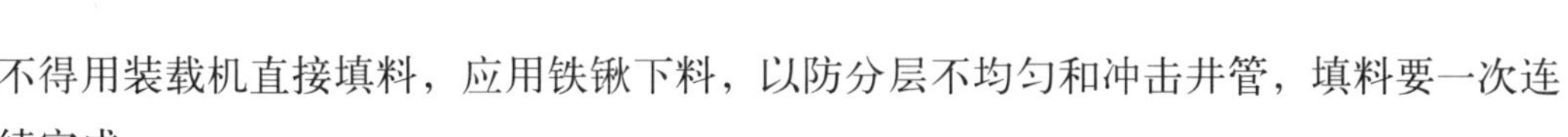

不得用装载机直接填料，应用铁锹下料，以防分层不均匀和冲击井管，填料要一次连续完成。

（8）洗井

洗井应在下管填砾后 8h 内进行，以免时间过长，影响降水效果。

1）管周围填砂滤料后，安设水泵前应按规定先清洗滤井，冲除沉渣。

2）采用压缩空气洗井法，其原理是当压缩空气通到井管下部时，井管内变成了气、水、土混合物，混合物不断被带出井外，滤料中的泥土成分越来越少，直至清洗干净。直至井管内排出水由浑变清，达到正常出水量为止。洗井废水需单独收集，初步净化后经沉淀池沉淀后排放市政管网。

3）将空压机空气管及喷嘴放进井内，先洗上面井壁，然后逐渐将水管下入井底。工作压力不小于 0.7MPa，排风量大于 $6m^3/min$。

（9）安装抽水控制线路

将潜水泵吊放至设计降水高程位置，采用细钢丝绳固定在井口，不可将潜水泵放置井最底端，避免淤埋。在安装前，应对水泵本身和控制系统作一次全面细致的检查。如无问题，方可放入井中使用。送气管、排水管随潜水泵安装。每台潜水泵均需单独从气动降水控制柜单独设置一个送气管线，不可与其他井口共用。每口井的排水管均需单独输送至主排水管道。

排水管路设置安装完毕应进行试抽水，满足要求后转入正常工作。根据水量的变化调整送气间隔，保证每 1min，送气 30s 将井内集水快速排出。

沿基坑上侧环线设置排水主管，并向沉淀池方向找坡 2‰，管道的底部每 5m 设置 200mm × 200mm × 200mm（根据坡度调整）砖砌支座，外侧抹 20mm 厚 1∶3 水泥砂浆压光。基坑周围道路每 30m 设置直径 300mm 波纹管横向贯通道路，用于送气管及排水管的安装使用。

（10）主控线路的布置

沿基坑周围设置 2 套制气装置，制备降水所用高压气体，并沿基坑均匀布置气动降水控制柜 12 台，后备 4 台备用。将制气装置生产的高压气体采用高压软管分别向降水控制柜输送气体，由降水控制柜按时间控制给每个降水井送气。

降水井正常运行后每天组织 3 班、每班 4 人对降水井进行水位监测及线路、设备检查，保证设备有效运行。

（11）降水施工

降水前，先测量每口井起始水深，做好原始记录，下泵降水后，抽出的水通过水管排向沉淀池，经过三级沉淀后排入市政管道。

2. 洗井工艺

提出钻杆前利用井管内的钻杆接上空压机抽水洗井，吹出管底淤泥，直到抽出清水为止，确保井的设计深度。洗井原理如图 2.1-2 所示。

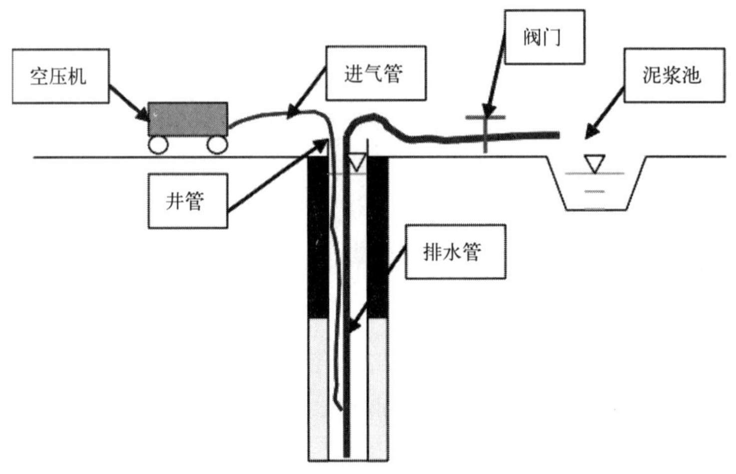

图 2.1-2 洗井原理示意图

3. 基坑试降水

（1）试降水目的

1）检验成井质量，掌握围护施工完毕后坑内降水井单井水量。

2）检验围护施工坑内降水效果，掌握坑内水位恢复速率。

3）通过试降水获得的相关数据，优化降水设计或运行方案。

（2）试降水方法

1）抽水试验采用开挖较深区域的降水井进行试验。

2）抽水试验共分为两个阶段，第一个阶段先进行单井定流量抽水，第二阶段进行两井定流量抽水。两组试验之间让地下水位充分恢复。试验过程中抽水井与观测井同步进行水位观测。抽水试验过程见表 2.1-1。

抽水试验过程一览表　　表 2.1-1

试验阶段	试验方式	抽水井号	观测井号	试验目的	试验周期
第一阶段	单井试验	单口降水井	相邻降水井	单井涌水量、单井降水效果	24h 抽观结合
	恢复试验		试验井	了解水位恢复速率	24h 抽观结合
第二阶段	群井试验	两口降水井	相邻降水井	了解降水效果，为优化方案提供依据	24h 抽观结合

3）抽水观测时间按开泵后规定的时间间隔进行，水位观测时间间隔为：1min、5min、10min、15min、20min、25min、30min、40min、50min、60min、90min、

120min，以后每隔 30min 观测一次，至 480min 后每 60min 观测一次，至 1200min 后每 2h 观测一次，直至抽水停止。停止后观测恢复水位，时间间隔同抽水试验。

4）抽水时同时进行水量观测，观测时间间隔为 30min，采用流量表读数，精度应读到 0.1m^3。流量观测次数与地下水位观测同步。在整个抽水试验的过程中，抽水井的出水量应保持常量，若前后两次、观测的流量变化超过 ±5% 时，应及时调整。根据实际出水量对施工阶段的井结构、数量进行合理调整。

4. 基坑正式降水

（1）气动降水设备组成

气动降水是采用高压气体为动力，结合自动控制系统和专业的气动降水设备实现基坑降水的施工方法。气动降水包含气源系统、自动控制系统和水气置换系统组成。气源系统包含螺杆空压机、储气罐和分气总成。自动控制系统包含开关装置、调压装置和数控模块。水气置换系统包含排气阀、止回阀和置换器。

单井出水量在 2.5m^3/h 以下的每套气动降水设备的组成见表 2.1-2。

气动降水设备组成表　　表 2.1-2

序号	名称	型号	单位	数量	备注
1	螺杆空压机	37kW	台	2	
2	储气罐	1.0m^3	台	2	
3	自动控制箱	DSK-12-T	台	12	
4	置换器	Ⅱ型	台	111	
5	主气管	高压钢丝管	m	800	
6	分气管	PE1 × 8	m	7500	

（2）气动降水设备布置

空压机和储气罐搬运不便，放置时需避开堆料场、临时道路等，尽量在施工过程中减少挪动。自动控制箱安放在 12 口降水井的中间位置，操作方便，节省分气管。气动降水设备现场布置见图 2.1-3。

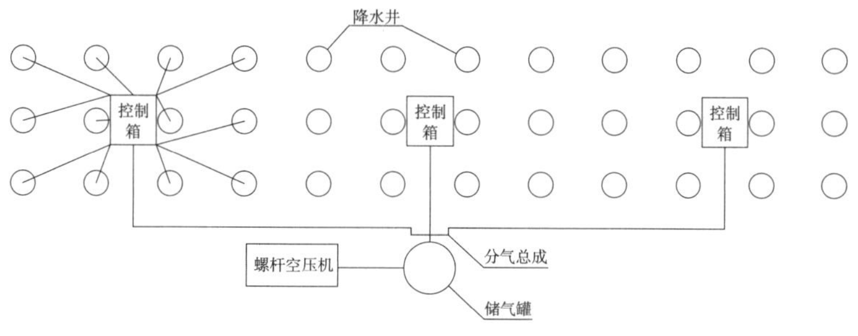

图 2.1-3　气动降水设备现场布置示意图

（3）气动降水使用注意事项

1）控制柜应轻移轻放，避免强烈振动。

2）控制柜为用电设备，应接入开关箱。

3）在移动控制柜时，应断电和断气。

4）进气压力不得大于 0.8MPa。

5）调节气压时，应先将调压阀盖拔出，然后左右旋转。左 –，右 +。

6）压力调至工作压力即可，过高或过低将影响使用。

7）应定时将空压机储气罐和控制箱储气罐底阀打开放水，一天两次。如标有自动放水则不用。

8）放水时，如果设备还在工作，应慢慢打开底阀。

9）将主气管拆掉时，应将主气罐上的阀门关掉，将控制柜内储气罐的底阀打开，将高压气体排出，再拆掉主气管。

10）置换器下放至井底以上 1m，避免长期抽水将置换器淤死。

11）防水接头对接时应旋紧，不用时将盖子盖好。

（4）降水时间

1）在坑内疏干降水时，根据试降水情况，提前 20d 进行，以保证有效降低开挖土体中的含水量，确保基坑开挖施工顺利进行。

2）水位降至坑底设计标高以下至少 1.0m 后，方可进行土方开挖施工。

3）停止降水时间：纯地下室结构为车库顶板覆土完成后，主楼区域为主楼地上三层施工完成后停止降水，降水井封闭的数量和时间需经设计确认。

5. 预留降水井封堵

（1）先加工防水钢套管，钢套管采用热轧无缝钢管制作，套管高度不小于混凝土底板与垫层厚度之和。在套管外侧焊接止水外环，套管内侧采用型号相符的管法兰焊接止水内环，并将螺栓焊接在管法兰上，螺栓丝头朝上。在施工基础混凝土垫层时，将防水钢套管预埋于混凝土垫层中，将降水泵穿过防水钢套管进行降水。

（2）当可以停止降水时，取出降水泵，对降水井底部采用级配砂石进行回填，上部采用干水泥回填至钢套管止水内环处。对钢套管止水内环采用法兰盖加橡胶密封垫进行封堵，钢套管上层浇筑防水混凝土。降水井封堵装置如图 2.1-4 所示。

6. 质量控制

降水管井施工质量要求如下：

（1）井位放线定位后，必须会同有关质检人员、监理人员进行井位复核。

（2）降水井的施工钻机就位后，必须保证钻机机座水平，钻机立塔垂直，并在钻进过程中随时查验，以保证钻孔垂直度。

（3）详细记录钻孔过程，精确控制孔深；井的深度应达到或不超过设计井深的

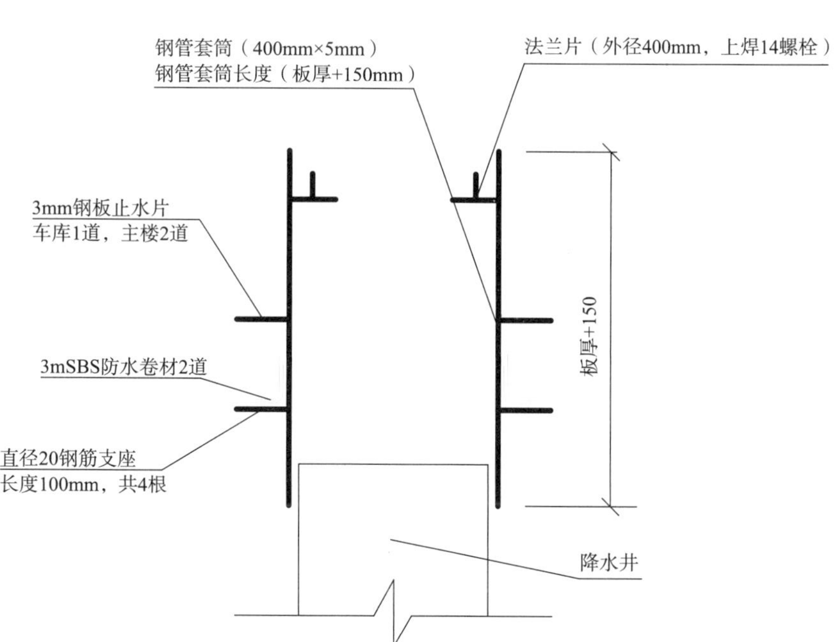

图 2.1-4　降水井封堵装置示意图

±2%；井身直径须达到或大于设计直径；井的顶角偏斜不得超过 1°。

（4）降水井成井后，采用适宜的浆液进行不少于 30min 的孔壁清洗，以保证井壁的良好透水性。

（5）井管必须直立，上端口应保持水平，井管偏斜度不得超过 1°。

（6）井管安装完毕后，应立即填滤料，滤料规格必须符合设计要求。

（7）井管的选择及包裹必须与地层情况相符，并连接牢固、稳妥。

（8）井口封堵时应选用优质黏土，在半干状态下缓慢填入，封闭深度宜为 2～3m。

（9）地面排水管线必须符合设计排水量的要求，其铺设不得影响其他工作进行，并不得发生渗漏现象。

（10）抽排水使用的深井泵，必须试运转后方可下入井内。

（11）井点滤管在运输、装卸和堆放时应防止滤网损坏，下入井点孔前，必须逐根检查，保证滤网完好。

（12）降水设备的管道、部件和附件等在组装前，必须检查和清洗，并妥善保管。

（13）在降水过程中，应加强井点降水系统的维护和检查，保证不断抽水。

（14）抽出的地下水中含泥量应符合规定，如发现水质浑浊，应分析原因及时处理，防止泥砂流失引起地面沉陷。

（15）井口应设置护筒，并设置泥浆坑，防止泥浆水漫流。

（16）井管沉放前应清孔，需要疏干的含水层均应设置滤管。在周围填砂滤料后，应按规定及时洗井和单井试抽。

（17）加强降水观测，每天由专人观测降水井内水位，并作好记录。对于水位变化异常的情况，应及时研究，采取措施处理。

2.1.5 工程应用

1. 工程概况

泰华城项目涉及高层住宅、洋房、地下车库、商业楼，占地面积 4.82 万 m^2，建筑面积 16.12 万 m^2，总造价约 4 亿元，建筑高度 81.30m。三面环市政道路、北面为未拆迁场地。施工范围基坑大致呈矩形，南北宽约 95m，东西长约 277m，周长约 950m，面积约 28000m^2。场地自然地坪高程 19.30m，基坑深度 9.0 ~ 9.5m。项目位置如图 2.1-5 所示。

图 2.1-5　项目位置示意图

（1）基坑周边情况

项目基坑周边情况见表 2.1-3。

基坑周边情况表　　表 2.1-3

序号	方向	距红线距离	距红线外道路	距周边建筑或其他
1	东侧	6 ~ 13m	距康宁街 13 ~ 20m	距 10kV 高压线缆最近约 10.0m
2	南侧	最近约 1.0m	距人民西路最近 20m 以上	距 2 层库房最近约 3.5m，距信用社 5 层住宅楼最近 16.0m，距财贸学校 6 层住宅楼 26.0m
3	西侧	20m 以上	距育才南大街路最近 20m 以上	紧邻项目拟建 18 号楼公寓和商业楼，距临时围挡最近距离 5.5m，距换热站不拆部分 11.0m
4	北侧	20m 以上	无道路	项目拟建 5 号楼、11 ~ 13 号楼，该 4 栋楼不在支护范围，其中拟建 11 号、12 号北侧有 1 栋待拆 4 层住宅楼

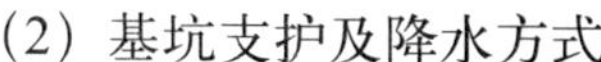

（2）基坑支护及降水方式

基坑支护采用压力型扩体桩锚加强型双排支护桩结构挡土，三轴水泥搅拌桩隔水。

基坑降水采用管井降水：降水井 JJ1，无砂混凝土管井，井数 146 口，井径 700mm，管径 400mm，井深 17.0m；观测井 JC1，无砂混凝土管井，井数 25 口，井径 700mm，管径 400mm，井深 12.0m。

2. 地质水文概况

（1）工程地质

场地地层特征描述见表 2.1-4。

地层特征描述表　　表 2.1-4

层号	层名	范围值（m）		岩性描述	
		层厚	层底埋深	颜色	状态
①	杂填土	0.5 ~ 2.5	0.5 ~ 2.5	杂色	松散
②	粉土	0.4 ~ 3.0	2.6 ~ 3.7	褐黄色	密实
③	黏土	1.8 ~ 3.2	5.3 ~ 6.8	黄褐色	可塑
④	粉土	2.8 ~ 5.1	8.6 ~ 10.9	褐黄色	密实
⑤	粉土	0.6 ~ 2.8	13.1 ~ 14.9	褐黄色	密实
⑥	黏土	1.7 ~ 6.3	11.4 ~ 16.1	黄褐色	可塑
⑦	黏土	3.9 ~ 7.7	19.8 ~ 22.3	黄褐色	可塑
⑧	粉土	2.7 ~ 5.9	24.6 ~ 26.3	浅黄色	密实
⑨	粉质黏土	4.4 ~ 6.0	29.8 ~ 30.8	黄褐色	可塑
⑩	粉砂	12.4 ~ 14.4	43.1 ~ 44.2	黄褐色	密实

（2）水文地质

场地浅层地下水为孔隙潜水，含水层以粉土、粉砂为主，地下水动态（水位、水质、水温）主要受大气降水因素影响，勘察期间地下水位埋深 2.30 ~ 2.70m，水位标高 17.81 ~ 17.93m。本区年高水位多出现在汛期的 8 ~ 9 月份，低水位多出现在 5 ~ 6 月份。水位年最大变幅约 2.0m。基坑开挖深度 9 ~ 9.5m，须进行降水工作，采用止水帷幕进行隔水，管井进行降水。

3. 应用效果

新型气动降水施工技术，有效解决了施工现场用电安全隐患和交叉作业需要频繁拆改的问题，同时也大大提高了基坑降水效率；气动降水技术无需使用电动潜水泵，实现管井内无电化降水；新型气动降水可以实现自动控制、流量统计、渗水流速监测、扬程和出水量可调节等，效率高；排水管道和供气管道采用标准化的快速接头，安拆方便，外观整齐；气动降水减少了设备电缆采购成本；传感器和变频器的使用，实现了有水即抽，无水即停，相比传统降水泵节约用电 40% 以上。

新型气动降水施工技术具有工作效率高、安拆方便、安全可靠等优势，适合于施工现场需要不断调整改变管路位置，代替了传统的蜘蛛网式的电缆电动降水，有效避免了人员触电事故；符合现场“安全文明”施工要求，很好地体现了安全、节能、环保、智能的绿色施工理念。

2.2 砂土地质钢管井井点降水非钻孔机成孔关键技术

2.2.1 技术概况

砂土地质管井井点降水施工时，通常采用钻孔机械成孔，施工时需投入专用机械设备，设备费用高。机械成孔过程中，对于人员设备要求较高，同时在成孔过程中容易发生塌孔，造成费用增加及返工处理。针对砂土地质管井井点降水施工，在不使用钻孔机械的情况下，通过自主研发的新型钻孔设备，采用人工结合高压水泵钻孔施工，实现施工速度大幅度提升，同时降低塌孔率保证施工质量。

砂土地质钢管井井点降水非钻孔机成孔关键技术适用于砂土地质条件下，管井井点降水施工时采用钢管井点降水非机械钻孔。

2.2.2 技术特点

（1）采用自制钻孔设备，结合高压水钻孔。自制钻孔设备由 $\phi200\times5$ 和 $\phi80\times5$ 钢管焊接而成，内部贯通。$\phi200\times5$ 钢管端部焊接短钢筋，$\phi80\times5$ 钢管端部与水泵相连，高压水能顺利通过钻孔设备，可安全进行钻孔，并且由于自制钻孔设备方便制作，可有效节约设备费用。

（2）外包过滤纤维布的无缝钢管为钢管井主体。钢管井主体采用 $\phi220\times5$ 无缝钢管，管壁四周纵向每隔 200mm 开 100mm × 20mm 孔洞，端部设 2 个 $\phi30$ 吊装孔，并焊接 100mm 宽 5mm 厚的钢板止水环，在钻孔过程中有效的防止了塌孔现象发生，减少返工带来的工期和费用损失。

（3）外包过滤纤维布能够过滤掉砂土，防止其流入钢管井内部，水能够渗透过滤纤维布进入钢管井内部，有效降低砂土地质的水位。

（4）利用放入钢管井内的深井潜水泵抽取并降低地下水。钢管井就位后内部放入深井潜水泵，通过其抽取并降低地下水位。

2.2.3 工艺流程

砂土地质钢管井井点降水非钻孔机成孔施工工艺流程见图 2.2-1。

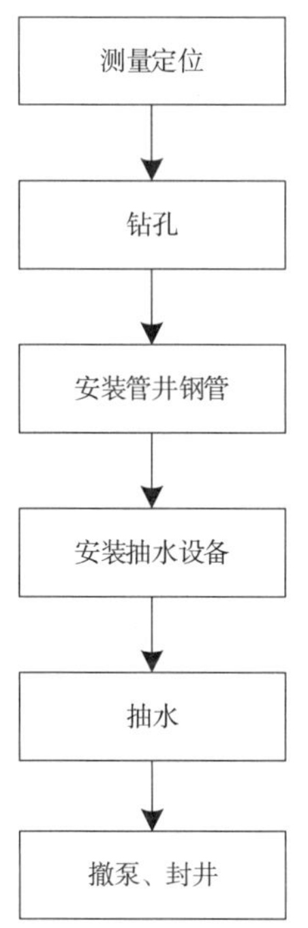

图 2.2-1　砂土地质钢管井井点降水非钻孔机成孔施工工艺流程图

2.2.4　技术要点

1. 测量定位

根据基坑支护设计单位下发的设计图纸，由测量人员进行井位测放，并做好复核工作，确保井位准确。

2. 钻孔

自制钻孔设备由 $\phi200 \times 5$ 和 $\phi80 \times 5$ 钢管焊接而成，内部贯通。$\phi200 \times 5$ 钢管端部焊接短钢筋，$\phi80 \times 5$ 钢管端部与水泵相连，高压水能顺利通过钻孔设备，如图 2.2-2 所示。

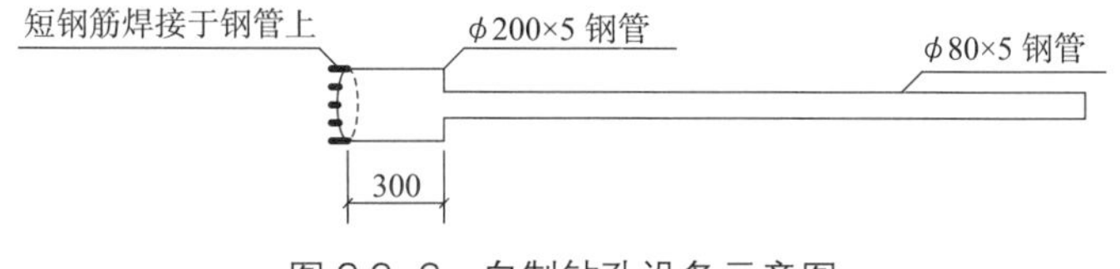

图 2.2-2　自制钻孔设备示意图

钻孔前先将 $\phi80 \times 5$ 钢管上部与水泵紧密结合后，然后将钻孔设备架设在指定位置，如图 2.2-3（a）所示；打开水泵，向钻孔设备内部送入压力值约为 25MPa 的高压水，操作人员利用管钳边旋转边向下推送钻孔设备，如图 2.2-3（b）所示；当钻孔至一定深度后，利用高压水冲击力和钻孔设备自重即可保证钻孔顺利进行，如图 2.2-3（c）

所示。钻孔过程中应保证钢管井垂直度控制在1%之内，钻孔达到指定深度后，应继续向井口送入高压水直到从井口流出的水变清为止。

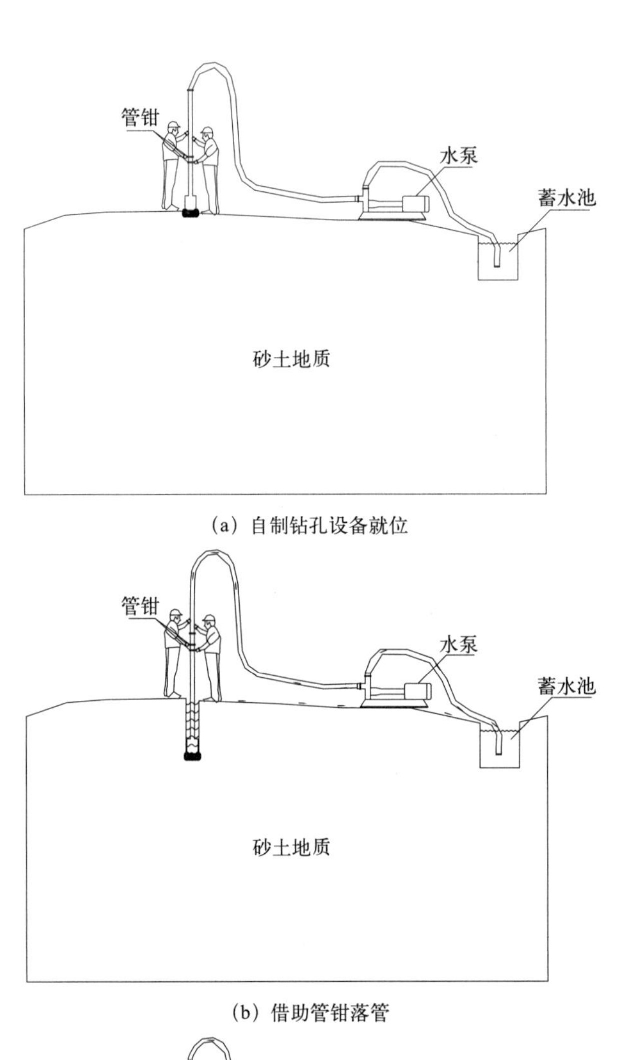

（a）自制钻孔设备就位

（b）借助管钳落管

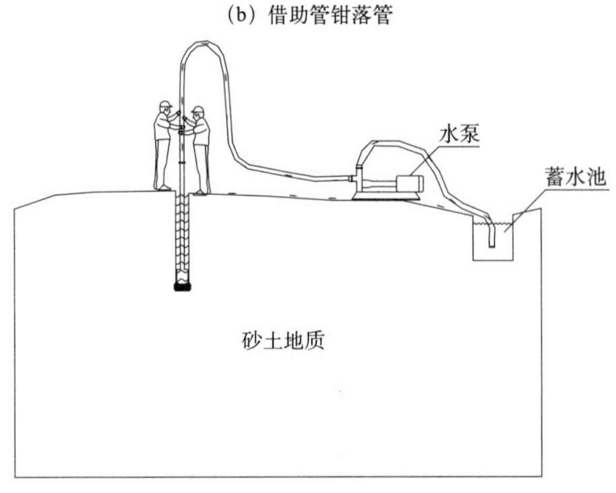

（c）依靠水压落管

图2.2-3　钻孔过程示意图

3. 安装管井钢管

钢管井主体采用 $\phi220\times5$ 无缝钢管，管壁四周纵向每隔 200mm 开 100mm × 20mm 孔洞，端部设 2 个 $\phi30$ 吊装孔，并焊接 100mm，宽 5mm 厚的钢板止水环，如图 2.2-4 所示。

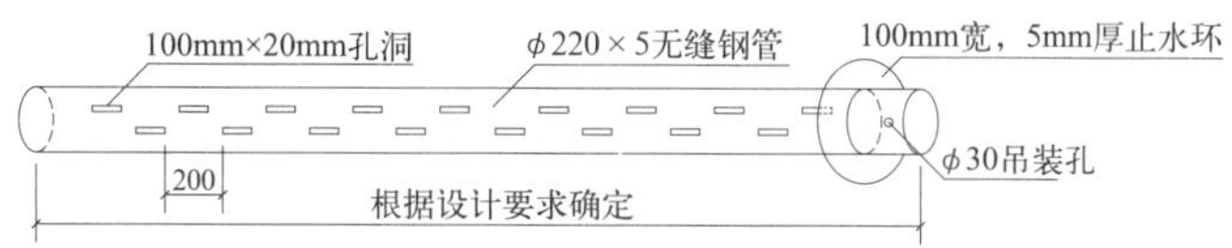

图 2.2-4　钢管井及开洞示意图

为了保证钢管井周围有良好的透水性，并防止细砂渗入，在钢管井外侧包裹 2 层过滤纤维布，过滤纤维布采用 0.7mm 厚的有纺土工布，并采用 6 号绑扎丝绑扎，绑扎间距不大于 200mm，过滤纤维布底部应封闭，如图 2.2-5 所示。

图 2.2-5　包裹过滤纤维布的钢管井示意图

管井在运输、装卸和堆放的时候应保护好滤网，下井口前应对管井进行检查，保证滤网完好，并排除井内的杂物以避免影响管井的透水性。待确认无误后再将事先准备好的钢管井吊装安放至施工完毕的钻孔中，如图 2.2-6 所示。

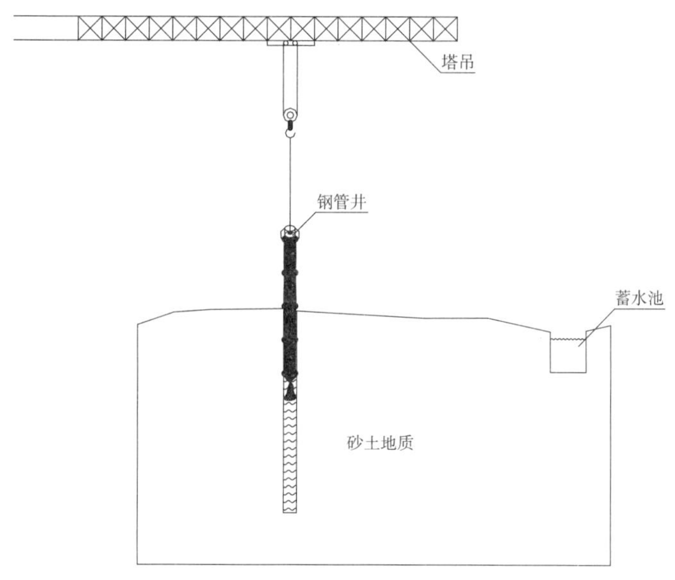

图 2.2-6　钢管井吊装就位示意图

待钢管井安放完毕后用粗砂填灌管井与井口间隙以固定管井，现场管井井管安装完毕见图 2.2-7。

图 2.2-7　管井井管安装完毕现场图

4. 安装抽水设备

深井潜水泵安装前，应对水泵本身和控制系统做一次全面细致的检查，方可放入井中使用，如图 2.2-8 所示。安装时用绳索吊入滤水层部位，上面与井口固定。潜水泵、电缆与接头应有可靠绝缘，每台泵设置一个单独控制开关。

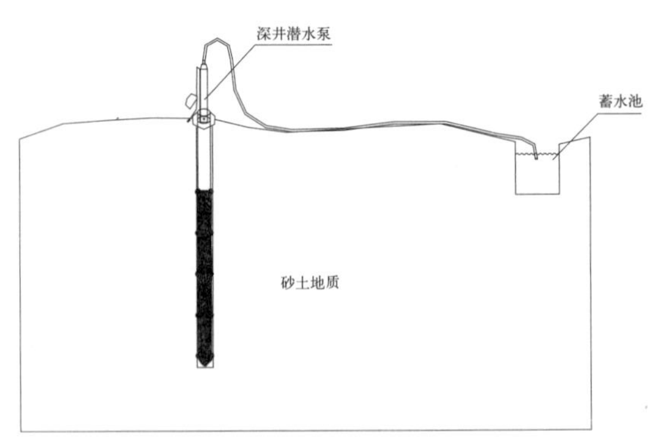

(a) 管井井管抽水示意图

(b) 管井井管抽水现场图

图 2.2-8　管井井管抽水图

5. 抽水

先进行试抽，若出水顺畅则开始正式抽水，直至水位降至设计标高，如图 2.2-9 所示。

6. 撤泵、封井

地下室底板混凝土浇筑完成 5d 后，即可对钢管井进行封闭，因为此时基础混凝

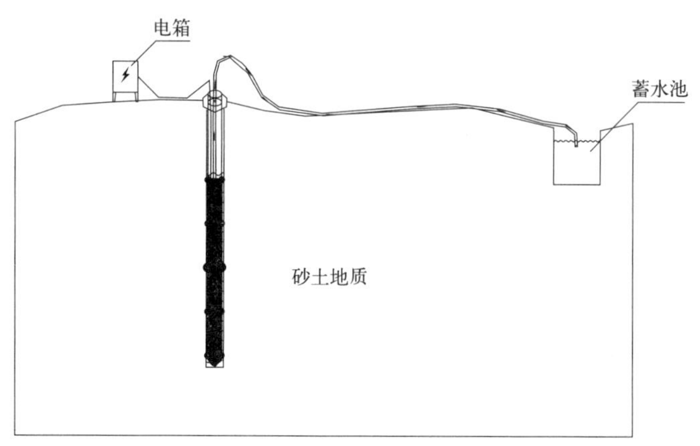

图 2.2-9　抽水示意图

土强度均能达到 30%，底板混凝土能够承受地下水压力。

在封井前，人工将潜水泵和水管从钢管井中抽出，停泵、抽泵时间尽量短，然后采用比底板高一级的细石混凝土对管井进行浇灌封闭。

7. 质量控制

（1）抽水期间质量控制

1）抽水期间如有泵不上水的现象，要及时检修、更换。

2）及时了解抽水情况，做好记录，以防止水泵无水干转烧坏，根据施工要求确定启动和暂不抽水井点数量。

（2）降水后质量控制

降水完毕后应根据工程结构特点和施工进度，陆续封闭及拔出井点泵组，并做好井口填塞工作。

2.2.5　工程应用

1. 工程概况

郑东新区白沙组团 BS01-05-02 地块住宅项目，北临科学大道，东临锦绣路，西临岗吴路，南临同心路。该项目占地面积约 39 亩，容积率 2.5，总建筑面积 9.5 万 m^2。其中地上面积 6.5 万 m^2，地下面积 3 万 m^2。由五栋高层、三栋多层及两层地下室组成。

（1）基坑周边情况

北侧：基坑上口紧邻用地红线，红线外为 50m 宽绿化带和规划科学大道，支护期间该侧红线外为施工道路、材料堆场。

东侧：基坑上口线紧邻用地红线，红线外 22m 为在建锦绣路，支护期间红线外为施工道路、现场大门与项目办公区。

南侧：距离基坑上口线 4.7m 为用地红线，红线外为在建同心路，支护期间该侧基坑上口线外为施工道路。距基坑上口线 5.7m 有一道电力管线，电力管底标高为 81.3m，相对标高为 −3.2m。

西侧：距离基坑上口线 9.7m 为用地红线，红线外为已建岗吴路；距离基坑上口线最近约 10.2m 为电力管线、电力管底标高为 81.3m，相对标高为 −3.2m。距离基坑上口线 12.2m 为燃气管线；支护期间该侧基坑上口线外为施工道路。

（2）基坑支护及降水方式

项目基坑开挖深度为自然地面以下 9.4m。支护形式分别为：基坑南、北侧采用“土钉墙 + 预应力锚杆 + 一道微型桩联合支护形式”；基坑东、西侧采用“土钉墙 + 预应力锚杆 + 两道微型桩联合支护形式”；在基坑东侧为地下室施工阶段出土坡道，出土坡道侧边采用短土钉固定网片筋。

基坑降水采用管井降水，其中沿基坑上口线周圈布置共 41 口，间距 16m，坑内布置 50 口，间距 15 ~ 20m，共计 91 口。管井深为自然地面以下 24m，井底标高 60.4m。

2. 地质水文概况

（1）工程地质

第①$_{-1}$ 层：杂填土（Q_4^{al+pl}）：黄色、杂色，松散，稍湿，结构不均，岩性以粉土粉砂为主，含碎石、砖渣等，场区局部分布。

第①层：粉土（Q_4^{al+pl}）：灰黄色、杂色，松散，稍湿，结构不均，岩性以粉土粉砂为主，含碎石、砖渣等，场区局部分布。

第②层：粉质黏土（Q_4^{al+pl}）：灰色，软 – 可塑，见有灰色条斑及钙质斑点，切面稍光滑，干强度低，韧性低，无摇振光泽反应，局部分布。

第③层：粉土（Q_4^{al+pl}）：褐黄色，稍密 – 中密，稍湿，干强度低，韧性低，摇振反应迅速，无光泽，含蜗牛壳屑、铁锰质结核，偶见小姜石，场区局部分布。

第④层：粉质黏土（Q_4^{al+pl}）：灰褐色，褐黄色，切面稍光滑，常见铁锈状斑点及白云母碎片，干强度低，韧性低，无光泽反应。场区局部分布。

第④$_{-1}$ 层：粉砂（Q_4^{al+pl}）：褐黄色，稍密 – 中密，黏粒含量高，其矿物成分以石英、长石为主，含有云母碎片，局部夹粉土。

第⑤层：粉砂（Q_4^{al+pl}）：褐色，饱和，中密，黏粒含量低，其矿物成分以石英、长石为主，含有云母碎片，局部分布。

第⑥层：细砂（Q_4^{al+pl}）：褐色，饱和，中密 – 密实，成分以石英和长石为主，含云母碎片和暗色物质，分选性一般，次圆状。

（2）水文地质

场地在勘探期间实测地下水位埋深为 5.9 ~ 6.7m，水位年变幅在 1.0 ~ 2.0m，根

据调查该区域近 3 ~ 5 年最高水位标高约 81.0m 左右，属第四系松散岩类孔隙潜水，地下水的补给主要为大气降水补给。本工程抗浮水位按 81.0m 设计。

3. 应用效果

砂土地质钢管井井点降水非钻孔机成孔技术在该项目成功应用，通过自制钻孔设备利用高压水进行钻孔，通过高压水流产生的动力不断冲击钻头附近的砂土，使砂土和高压水流融合在一起形成泥浆，泥浆可以起到一定的护壁作用，在钻孔过程中有效防止了塌孔现象发生，避免了返工带来的工期和费用损失，并且大大减少了设备费用。

该项技术的成功应用，保证了施工安全、缩减了施工工期、减少了环境破坏，多次得到业主方及监理方的好评。该技术施工工艺简单，施工效率较高，能很好地指导现场施工，经济及社会效益显著，绿色环保，具备广泛推广的应用价值。

2.3　轻型井点局部降水免封堵关键技术

2.3.1　技术概况

轻型井点能有效地降低地下水位，在基坑施工中能稳定边坡并克服基坑流砂，创造良好施工条件，既安全又方便。轻型井点布置灵活，使用方便，施工速度快，降水效率较高，即使个别井管损坏也不会影响整个系统，能适应施工条件变化的工程。轻型井点设备可反复使用，施工费用小，经济效果好，在地下建筑工程中得到广泛应用。

由于现在高层建筑基坑较深，降水成为地下基础施工不可缺少的环节。尤其是基坑内比如消防电梯专用集水坑、设备用房集水坑、地下室卫生设备集水坑都需要局部降水后方能施工。在基础施工时，往往因地下水位高于集水坑底标高，挖土后出现地下水快速往集水坑内渗漏，以往工程中常见的做法是在集水坑中设置集水井明排，然后用抽水泵直接将水抽出。通过在以往工程中的施工实践，发现此做法有如下弊端：

（1）坑底水泵处垫层、防水层不能与周围垫层、防水层一次性施工，但需在底板混凝土浇筑至此部位前很短时间内完成垫层和防水层施工，防水质量不易保证。

（2）抽水泵在坑底钢筋、支模完毕后取出，增加取泵难度，往往有时只能将泵舍弃。

（3）需安排专人抽水，由于基础施工时间长，增加人工成本。

为解决上述问题，开发出一套较为成熟的新型基坑局部降水施工技术，是一种在基础底板垫层下埋设降水管进行自动排水的施工方法，即在集水坑底部单独开挖一个小的排水坑，基础导墙外侧设置抽水泵，通过 PPR 管连接至排水坑内，PPR 管按集水坑造型尺寸成形后埋设在垫层下方的土层中，不仅能够实现自动排水，而且不影响其他施工工序，免封堵排水管孔洞，能够保证防水的施工质量。

轻型井点局部降水免封堵关键技术适用于各种高层结构地基基础施工阶段，局部需要井点降水的工程。

2.3.2　技术特点

（1）自动排水，无需专人看管，节省人工成本。

（2）排水效果显著，确保后续工序的正常施工，保障工期。

（3）施工条件及工艺简单，免封堵排水管孔易于操作，垫层、防水层能够一次性施工完成，确保防水的施工质量。

（4）利用现有设施和条件，基本不需增加额外成本。

2.3.3　工艺流程

轻型井点局部降水免封堵技术采用的装置由降水立管、支管、总管和真空泵组成。管材全部采用 PPR 管，管径根据地下水量可适当调整，一般情况立管与支管径为 32mm，总管管径为 50mm，立管上间隔 100mm 打眼，周围填砂石过滤地下水，立管间隔 500mm 围绕集水坑等需要局部降水区域封闭布置。立管底部深入坑底 500 ~ 1000mm 并接触地下水，施工时井点立管顶部低于垫层底 100mm，水平连接排水管（支管与总管）低于垫层 50mm，保证降水管道全部处于垫层下方，不影响垫层及以上工序的正常施工。总管连接真空泵，泵放置在基础的外侧，从筏板边引出管进行降水。整个降水过程不影响筏板垫层及基础的施工，且降水范围小，节省人力物力，不需要专人负责，并确保了防水等工序的施工质量。等基础施工完成，只需将管口热熔封闭，减少筏板浇筑前割除管路并封闭孔洞的工序，操作简单快捷，节约人力与物力，杜绝了取泵难的现象，并确保了防水等工序的施工质量。

轻型井点局部降水免封堵施工工艺流程见图 2.3-1。

2.3.4　技术要点

1. 平整场地及清除地下障碍物

根据现场实际情况对场地内障碍物进行清理，施工同时技术人员根据图纸计算所需 PPR 管、喷射泵及其他辅材的数量，提前采购好以便于现场施工。

2. 井点沟槽放线和开挖并设置集水坑

根据传统井点降水工艺进行井点沟槽放线和开挖，如图 2.3-2 所示，在需要局部降水深基坑周圈布置排水管。

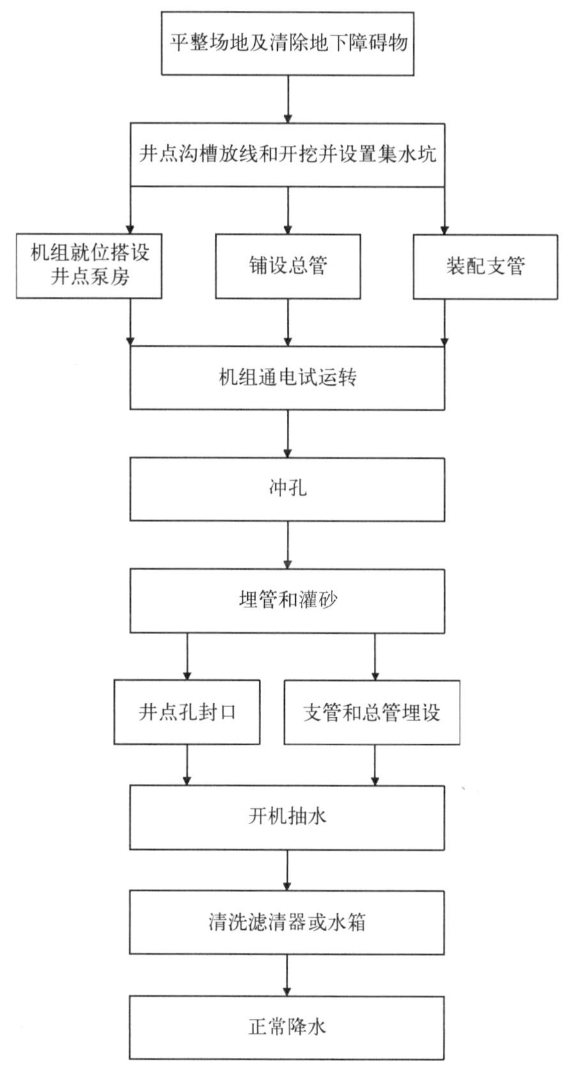

图 2.3-1　轻型井点局部降水免封堵施工工艺流程图

图 2.3-2　沟槽放线开挖示意图

3. 布管

根据地下水情况在排水坑内埋设 1 ~ 2 根直径 50mmPPR 管，距坑底 100mm，端头打孔，外侧采用细目钢丝网包裹，以防泥浆堵塞。现场将 PPR 管按集水坑造型尺寸预先埋设在垫层下方的土层中，直至伸至基础导墙外侧作为出水口。现场布管如图 2.3-3 所示。

图 2.3-3　现场布管图

4. 通电试运转

（1）出水口连接喷射式电泵，喷射式电泵采用钢筋架子将其垫高，以免被损坏。整套自动排水系统就设置在基底垫层以下，对后续工序不产生影响。

（2）考虑到在施工防水层时，集水坑斜坡范围内可能有渗水，影响到斜坡防水层质量（除对防水加强外），在垫层施工前，在排水坑上部盖上一块木板，并在中间部位预留一根直径为 32mmPPR 管，上口比垫层面低 20mm，坑底浇筑垫层时向此处找坡，斜坡防水层做完后如有水从防水层下渗出，可通过此口流入排水坑。

（3）整套排水装置安装完成后，逐一检查预埋管的标高和位置是否符合要求，如有偏差立即进行调整。

施工现场轻型井点局部降水见图 2.3-4。

5. 质量控制

（1）土方挖掘、运输车道不设置井点，不影响整体降水效果。

（2）正式开工前，办理用电手续，保证在抽水期间不停电。

（3）轻型井点降水应经常进行检查，出水规律应“先大后小，先混后清”。若出现异常情况，应及时进行检查。

图 2.3-4　轻型井点局部降水现场图

（4）在抽水过程中，应经常检查和调节离心泵的出水阀门以控制流水量，当地下水位降到所要求的水位后，减少出水阀门的出水量，尽量使抽吸与排水保持均匀，达到细水长流。

（5）真空度是轻型井点降水能否顺利进行的主要技术指数，现场设专人进行观测，若抽水过程中发现真空度不足，应立即检查整个抽水系统有无漏气环节，并应及时排除。

（6）在抽水过程中，特别是开始抽水时，应检查有无井点管淤塞的死井，可通过管内水流声、管子表面是否潮湿等方法进行检查。如“死井”数量超过 10，则严重影响降水效果，应及时采取措施，采用高压水反复冲洗处理。

（7）在打井点之前应勘测现场，采用洛阳铲凿孔，若发现场内表层有旧基础、隐性墓地等应及早处理。

（8）若黏土层较厚，沉管速度较慢，若超过常规沉管时间时，可采取增大水泵压力，为 1.0 ~ 1.4MPa。

（9）主干管应做好流水坡度，流向水泵方向。

（10）基坑周围上部应挖好水沟，防止雨水流入基坑。井点位置应距坑边 2 ~ 2.5m，以防止井点设置影响边坑土坡的稳定性。水泵抽出的水应按施工方案设置的明沟排出，离基坑越远越好，以防止地表水渗下回流，影响降水效果。

（11）若场地黏土层较厚，上层水不易向下渗透，采取套管和水枪在井点轴线范围之外打孔，用埋设井点管相同成孔的方法，井内填满粗砂，形成 2 ~ 3 排砂桩，使地层中上下水贯通。在抽水过程中，上层水由于重力作用和抽水产生的负压，上层水系很容易向下渗漏，将水抽出。

2.3.5　工程应用

1. 工程概况

中国餐饮商会暨千喜鹤涿州总部基地 5 号、6 号、7 号楼工程位于河北省保定市，结构形式为框架剪力墙结构，基坑深度为 −7.3 ~ −8.93m，集水坑局部深度为 −12.93 ~ −10.3m，低于地下水位约 0.5m，基础施工阶段需降低集水坑局部地下水方可进行施工。新建建筑包括 5 号、6 号两栋公寓楼和地下车库，采用整体开挖方式。基坑长 153m、宽 67m。两栋建筑下共有集水坑 8 处，上口尺寸 6.8m × 6.8m，下口尺寸 2.1m × 2.1m，基础大面无地下水，集水坑部位存在局部地下水渗出。

2. 地质水文概况

（1）工程地质

涿州位于华北平原拗陷的西北部，西邻属于太行山隆起的京西隆起，东南接大兴凸起，南连新城凸起，北临良乡凸起。建筑场址处于北京凹陷的南部涿县凹陷中。

地质勘察查明在钻探所达 70m 深度范围内，场地地层除上部杂填土外，其余属第四系全新统（Q_4）冲洪积成因地层。根据现场钻探岩性鉴定和记编、原位测试成果及室内土工试验成果分析，将地基进一步划分为 9 个工程地质单元层。各土层的名称和特征分述如下：

1）人工填土层（Q_4^{ml2}）：

①层素填土普遍分布于整个场地。①层素填土：黄褐、褐黄，不均匀，可塑~软塑；以粉质黏土为主，局部以粉土为主，包含少量灰渣、砖渣、植物根等。厚度 0.40 ~ 3.00m；层顶高程 25.65 ~ 26.46m。场地普遍分布。

2）第四系全新统冲积洪积土层（Q_4^{pl+al}）

包括②层粉质黏土、③层粉砂、④层细砂、⑤层粉质黏土、⑥层中砂、⑦层粉质黏土、⑧层细砂、⑨层粉质黏土以及$②_{-1}$层粉质黏土、$③_{-1}$层粉土、$⑥_{-1}$层粉质黏土、$⑥_{-2}$层粉土、$⑥_{-3}$层卵石、$⑥_{-4}$层圆砾、$⑦_{-1}$层粉土、$⑧_{-1}$层粉质黏土、$⑧_{-2}$层粉土、$⑨_{-1}$层中砂十个亚层。粉土、粉质黏土、砂土及卵石层交替成层沉积。

（2）水文地质

涿州市河流较多，辖区内有永定河、白沟河、小清河、琉璃河、北拒马河、胡良河等，属海河流域，大清河水系。勘察场地距最近的北拒马河约 1.80km，距离其他河流均较远。

3. 应用效果

本项目基础表面基本无地表水，不用降水，但在集水坑内不断有水渗出，需及时将水排出，否则无法正常施工。如果按照传统方法进行集水坑内排水施工，则会存在质量差、取泵难、耗时长等问题，技术与经济效果都不理想，并且可能出现流砂现象。

项目通过采用轻型井点局部降水免封堵技术，在集水坑四周的土层中成孔埋入带有过滤器的井点支管，并在支管四周填砂，然后水平集水总管埋入垫层以下 50mm，将所有井点支管和置于地面的抽水机组连通，地下水被抽水机组吸至地面并排出。降

水结束后，将垫层外部外露排水管热熔封闭止水。采用该技术有效的保证了基础施工阶段工程质量，并创造了良好的经济和社会效益。

2.4　CSM 等厚度水泥土搅拌墙止水帷幕施工关键技术

2.4.1　技术概况

CSM 等厚度水泥土搅拌墙止水帷幕施工技术也称为双轮铣深层更换桩施工技术，是将配置好的水泥浆和施工现场的原位土体一起进行搅拌，从而形成一个整体。CSM 技术相较于其他深层搅拌工艺，优势在于能够适应更多的地层环境，坚硬的地层环境也可进行切铣。双轮铣深层搅拌法和传统深层搅拌法相比，双轮铣是水平轴向旋转搅拌形成矩形槽段，单轴和多轴搅拌是钻具垂直旋转形成圆柱体，双轮铣工艺对土体的搅拌更均匀及充分。

CSM 等厚度水泥土搅拌墙止水帷幕施工关键技术主要应用于软弱松散的土层，砂、黏性土均可使用。可用于防渗墙、挡土墙（可插入型钢）等水泥土墙，也可用于土体加固、地质改良和土壤修复等各种工程。

2.4.2　技术特点

（1）高削掘性能。双轮铣深层搅拌铣头具有高达 100kN/m 的扭矩，导杆采用卷扬加压系统，铣头的刀具采用合金材料，可以削掘密实的粉土、粉砂等硬质地层，也可以在砂卵砾石层中切削掘进。

（2）高搅拌性能。双轮铣深层搅拌铣头由多排刀具组成，土体通过铣轮高速旋转被削掘，同时削掘过程中注入高压空气，使其具有优良的搅拌混合性能。

（3）高削掘精度。双轮铣深层搅拌铣头内部安装垂直度监测装置，可以实时采集数据并输出至操作室的监视器上，操作人员通过对其分析可以进行实时修正。

（4）可完成较大深度的施工。目前导杆式双轮铣深层搅拌设备可以削掘搅拌深度达 45m，悬吊式双轮铣深层搅拌设备削掘搅拌深度可达 65m。

（5）较低噪声和振动。双轮铣深层搅拌设备铣头驱动装置切削掘进过程中全部进入削掘沟内，噪声和振动大幅度降低。

2.4.3　工艺流程

CSM 工法机的施工工艺过程与深层搅拌技术非常相似，主要分为下钻成槽和上提成墙两个主要部分。同时分一、二序槽施工成墙。在下钻成槽的过程，两个铣轮相对旋转，铣削地层。同时通过方形导杆施加向下的推进力，向下深入切削。通过注浆管路系统同时向槽内注入膨润土泥浆、水泥或水泥—膨润土浆液，直至达到要求的深度，成槽过程完成。在上提成墙的过程，两个铣轮依然旋转，通过方形导杆向上慢慢提起铣轮。在上提过程中，通过注浆管路系统向槽内注入水泥或水泥—膨润土浆液，并与槽内的渣土混合。

CSM 等厚度水泥土搅拌墙止水帷幕施工工艺流程见图 2.4-1。

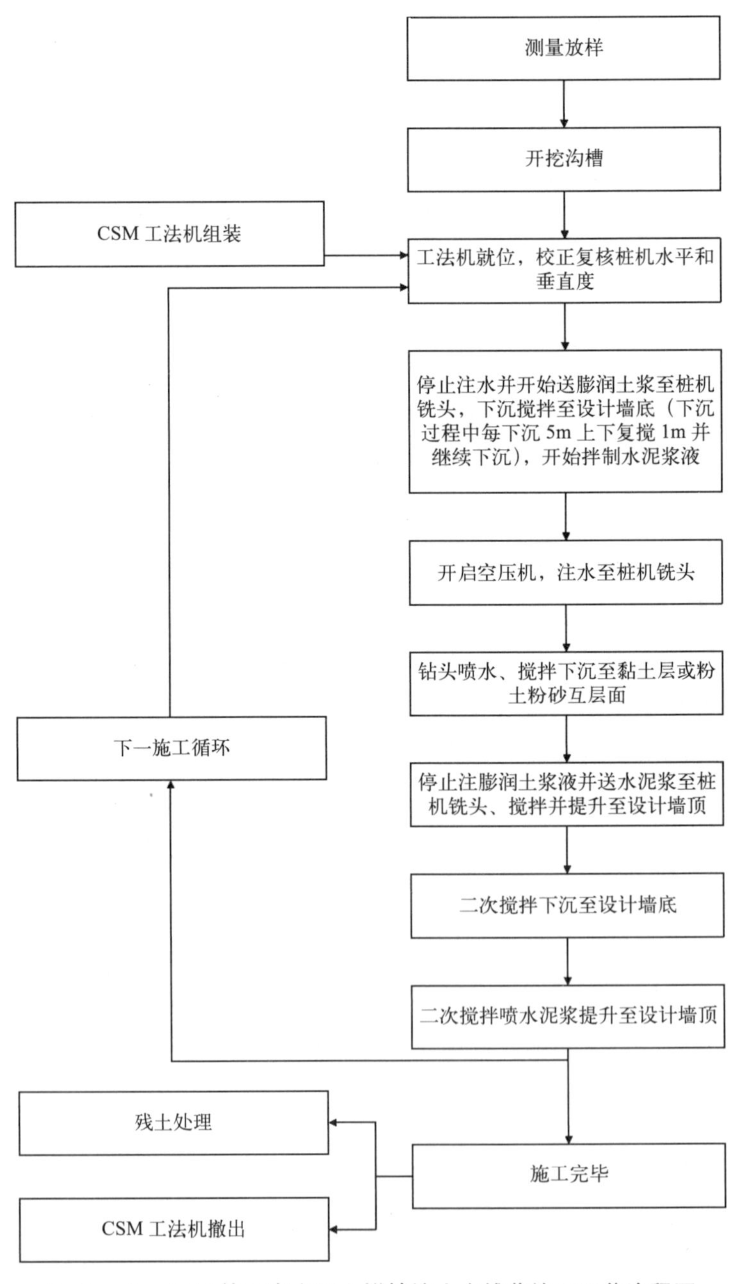

图 2.4-1　CSM 等厚度水泥土搅拌墙止水帷幕施工工艺流程图

2.4.4　技术要点

1. 水泥土搅拌墙施工顺序

CSM 等厚度水泥土搅拌墙施工顺序采用两种方式，如图 2.4-2 所示，图中阴影部分为重复套钻，保证墙体的连续性和接头的施工质量，水泥土搅拌墙的搭接以及施工设备的垂直度补正依靠重复套钻来保证，以达到止水的效果。

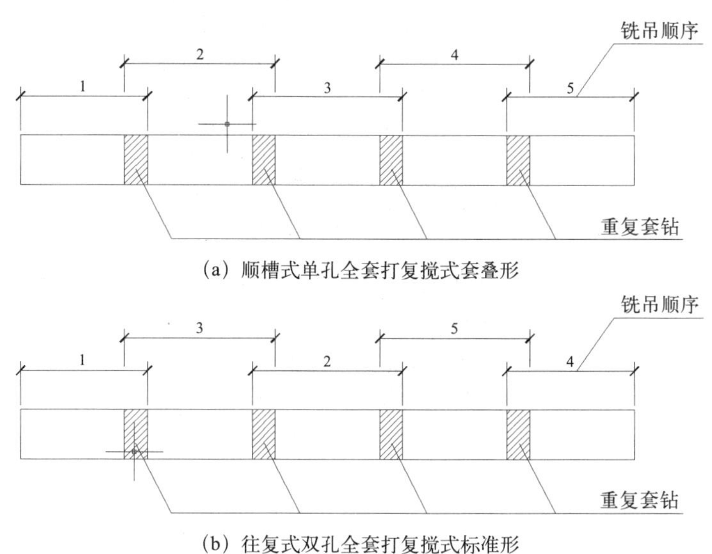

(a) 顺槽式单孔全套打复搅式套叠形

(b) 往复式双孔全套打复搅式标准形

图 2.4-2　CSM 等厚度水泥土搅拌墙施工顺序示意图

2. 施工准备

（1）由于 CSM 工法机对承载力有要求，地面要求平整并且压实，清除地上、地下障碍物，工作面不小于 7m，当地面过于松软时，应采取措施防止机械失稳。

（2）项目部按图放出桩位控制线，设立临时控制桩，做好技术复核单，在公司专业人员复核无误后提请总包及监理业主验收。内边线与灌注桩排桩净距离不小于 250mm。

（3）根据基坑围护边线用 1.0m^3 挖机开挖槽沟，沟槽尺寸为 1000mm × 1200mm，并清除地下回填层中的障碍物，深度 2 ~ 3m，换填为黏土，开挖沟槽土体应及时处理，以保证双轮铣水泥土搅拌墙正常施工。

3. CSM 工法机就位

（1）工法机进场后先进行组装和调试；制浆、灌浆、造气设备安装；水路、电路、气路连接；设备调试、试运行。

（2）由当班班长统一指挥桩机就位，桩机下铺设路基箱，移动前看清上、下、左、右各方面的情况，发现有障碍物应及时清除，移动结束后检查定位情况并及时纠正；

工法机应平稳、平正，并用经纬仪或线坠进行观测以确保钻机的垂直度。水泥土搅拌墙定位偏差应小于 50mm。成墙后水平偏位不得超过 20mm，深度不得小于设计墙深且不得大于墙深 100mm，墙身垂直度偏差不得超过 1/250。

CSM 工法机现场就位如图 2.4-3 所示。

图 2.4-3　CSM 工法机现场就位图

4. 膨润土浆液、水泥浆液制备及注入

（1）膨润土浆液制备

膨润土掺量、水膨润土液配比须根据现场试验进行修正，设计参考配比范围为：

1）水膨润土比：3 ~ 10，具体根据试成墙情况进行调整。

2）膨润土掺入量：50 ~ 100kg/m^3，具体根据试成墙情况进行调整。

3）纯碱：3.6kg/m^3，具体根据试成墙情况进行调整。

4）浆液黏度：≥ 40s，具体根据试成墙情况进行调整。

根据围护结构施工的特点，膨润土配比的技术要求如下：

1）设计合理的膨润土掺入量及水膨润土比，比重太大会降低铣进工效，比重太小则不能保持槽孔壁的稳定，易发生塌孔。

2）适当添加外加剂，防止墙内原状土质沉淀，造成后续水泥土搅拌过程中出现土质和水泥分层现象。

3）降低土体置换率，减小施工时对环境的扰动影响。

（2）水泥浆液制备

水泥浆液配比须根据现场试验进行修正，设计参考配比范围为：

1）水泥掺量：不少于 22%。

2）水泥强度等级：普通硅酸盐水泥 P·O42.5。

3）水灰比：1.2 ~ 1.5，具体根据试成墙情况进行调整。

根据围护结构施工的特点，水泥土配比的技术要求如下：

1）设计合理的水灰比，使其确保水泥土的强度。

2）水泥掺入比的设计，必须确保水泥土强度，降低土体置换率，减轻施工时对环境的扰动影响。

3）水泥土搅拌墙施工时，每面墙做一组 70.7mm × 70.7mm × 70.7mm 的试块，每组试块包括 6 个抗压试块，自然条件下养护 28d，送检测中心做抗压试验。

（3）浆液注入

在施工现场布设浆液搅拌系统（自动搅拌站），附近安置水泥罐、膨润土储藏间，在开机前按要求进行浆液的搅制。将配制好的浆液送入贮浆桶内备用。

膨润土浆液需充分拌制，时间 5 ~ 10min。

水泥浆配制好后，停滞时间不得超过 2h，制备好的浆液不得离析，泵送必须连续，不得中断。注浆时通过 2 台注浆泵 2 条管路通过 Y 形接头从 H 口混合注入。注浆压力：宜小于 2.0MPa，注浆流量：145 ~ 290L/（min·台）。

CSM 工法机浆液注入如图 2.4-4 所示。

图 2.4-4　CSM 工法机浆液注入图

5. 铣进搅拌

（1）CSM 水泥土搅拌墙跳幅施工，搭接咬合施工时，须待两侧先施工槽段墙体达初凝后方可进行，且相邻墙段喷浆工艺的施工间隔不应大于 10h。

（2）成墙施工过程中，下沉速度 0.5 ~ 0.8m/min，提升速度 0.8 ~ 1.0m/min，具体结合试成墙试验最终确定。

（3）当首次成槽下沉至墙底时，应停留在墙底搅拌喷浆不少于 5min 后再进行提升，并对墙底以上不小于 5m 范围进行复搅，即当首次喷浆搅拌提升至墙底以上不小于 5m 后，再喷浆搅拌下沉至墙底，然后再喷浆搅拌提升，直至墙顶确保等厚度水泥土搅拌墙底部成墙质量。

（4）根据设计要求，在现场非原位进行 CSM 等厚度水泥土搅拌墙止水帷幕的试成墙试验，以检验等厚度水泥土搅拌墙施工工艺的成墙质量，并根据试成墙过程中发现的问题及时调整施工工艺及参数，试成墙墙深不小于设计深度，试成墙施工方案及成果数据应及时提供业主、设计、监理单位。

（5）CSM 等厚度水泥土搅拌墙在围护转角处成墙搭接较为困难，易形成渗漏薄弱点，在其转角部位与支护桩间可采用高压旋喷进行补漏处理。

CSM 工法机铣进搅拌如图 2.4-5 所示。

图 2.4-5　CSM 工法机铣进搅拌图

6. 清洗、移位

将集料斗中加入适量清水，开启灰浆泵，清洗压浆管道及其他所用机具，然后移位再进行下幅墙的施工。

7. 质量控制

（1）将钻头控制在定位测量的墙体中心线上，偏差控制在 ±5cm 之内。

（2）为了墙体之间连接不错缝，需要保证深度满足要求，并且在平面上整体连续，利用导杆刻度线观察钻杆深度，通过墙体中心线和设备两端的吊锤控制墙体轴线。

（3）为保证墙体连续完整需控制切割搅拌的速度，铣削速度 0.5 ~ 0.8m/min，下沉到设计深度后，继续进行搅拌约 10s，再提升至墙底深度以上 2 ~ 3m 范围内。缓慢提升钻头，提升速度不宜过快，控制在 0.8 ~ 1.0m/min，以免形成真空负压，孔壁坍塌，造成墙体孔隙。

（4）墙体的整体强度保持均匀，施工时注入与搅拌速度相匹配的浆液量，并采用无极调速电机、自动瞬时流量计、累计流量计控制灌浆量，开挖时按规定一次完成灌

浆。如发生堵管、断浆现象，应立即停止泵送，找出原因进行修复，排除问题后再开挖拌合。停机半小时以上时，泵体、泥浆管路应妥善清洗。

（5）气体供应由阀门和气压表控制，全程气体不得出现中断。

（6）为了保证墙体的厚度和尺寸满足要求，需定期测量铣轮的磨损情况，磨损达到 1cm 即进行修复。

2.4.5　工程应用

1. 工程概况

绿地星城光塔项目位于长沙市开福区鸭子铺片区，东临北二环高架桥，西临滨河路，毗邻浏阳河。项目由一栋 79 层超高层综合楼（380m）及数栋独栋商业组成，地下室 4 层，地上商业 3 ~ 4 层。项目总占地面积 31524.62m^2，总建筑面积 260844m^2，其中地上建筑面积 186044m^2，地下室面积 74800m^2，地下车库 71400m^2，配套用房 3400m^2。主塔楼设计容纳办公、公寓、酒店、观光、宴会五种业态，其中顶层观光厅在项目建成之后将成为长沙市最高的 4A 级景区。场地周边环境如图 2.4-6 所示。

图 2.4-6　场地周边环境示意图

（1）基坑周边情况

1）基坑西侧、北侧为滨河路，场地红线距浏阳河最近距离为 117m，地下管网较多，滨河路标高为 34 ~ 40m，拟建场地该侧标高为 32 ~ 34m，滨河路与拟建场地现地面之间已形成 2 ~ 6m 高的边坡，坡比 1：1.5，放坡空间有限。

2）南侧、东侧红线外为待开发用地，现地面标高为 32 ~ 34m，放坡空间有限，现地面基坑开挖深度为 7 ~ 12m。

3）西北侧为新建道路滨河路，未验收及交付使用、东南侧为二环高架及在建匝道，西南侧为待开发地块。场地中一排水管穿过南北，在北侧有 7 个检查井，下有管道相连。

（2）基坑支护及降水方式

工程支护形式：旋挖钻孔桩，CSM 等厚度水泥土搅拌墙止水帷幕，锚索、网喷、压顶梁、腰梁等组合形式。

基坑降水采用深井降水：坑内潜水疏干井 37 口，坑外坑外水位观测井 8 口。

基坑安全等级：综合评定该基坑安全等级为一级，r_0=1。

2. 地质水文概况

（1）工程地质

场地位于长沙市开福区鸭子铺片区，场地原始地貌属河流侵蚀堆积地貌，为浏阳河冲给阶地。场地自然地坪为西侧高，东、南侧低，北侧地坪为渐变值。场地地势情况总体为东低西高。

场地对基坑工程有影响的地层情况如表 2.4-1 所示。

场地岩土层工程特性指标推荐值表　　表 2.4-1

土层编号	土层名称	层厚（m）	土层状态	黏聚力（kPa）	内摩擦角（°）	重度（kN/m³）
①$_{-1}$	素填土	0.50 ~ 10.60	松散，局部稍密	10.0	8.0	18.5
①$_{-2}$	杂填土	0.70 ~ 5.90	松散，局部稍密	8.0	10.0	18.5
②	含砂粉土	0.60 ~ 4.60	稍密	10.0	20.0	18.0
③	粉质黏土	1.50 ~ 7.70	可 - 硬塑状态	25.0	15.0	19.6
④	粉质黏土	0.60 ~ 5.70	可 - 软塑状态	15.0	10.0	19.0
⑤	圆砾	0.30 ~ 4.10	中密	2.0	30.0	20.0
⑥	强风化板岩	0.40 ~ 3.60	岩体破碎到极破碎，岩质软	80.0	35.0	21.5
⑦	中风化板岩	0.90 ~ 6.00	岩体较破碎，岩体较软~较硬	120.0	42.0	23.0

（2）水文地质

场地地下水主要为第四系松散岩类孔隙水，赋存于第四系冲洪积层圆砾中，具承压性，水量丰富；其次为人工填土中上层滞水及强—中风化基岩裂隙水。上层滞水主要集中于回填土中下段，水量不大，分布无规律，其水位标高变化较大，无统一稳定水面。基岩裂隙水赋存在下伏板岩风化裂隙、节理裂隙中，地下水赋存条件较差，具弱透水性，富水性弱，水量贫乏，无统一稳定水面。勘察期间测得孔隙承压水初见水位埋深为 7.20 ~ 11.80m，标高为 21.50 ~ 25.10m；稳定水位埋深为 3.20 ~ 5.50m，标高为 28.50 ~ 29.40m。

3. 应用效果

基坑开挖过程各项监测数据显示，项目采用超深 CSM 工法等厚水泥土搅拌墙止水帷幕隔断深层承压含水层效果良好，围护体和土体的深层水平位移均满足设计要求，周边邻近地铁高架区间及相关管线无明显破坏。

CSM 等厚度水泥土搅拌墙止水帷幕施工通过设备上的高精度垂直传感器将数据

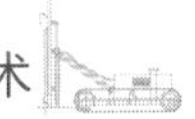

传至电脑，对水泥土搅拌墙的垂直度进行动态监控及调整；通过电脑对水泥浆液的注入量精确把控，避免材料的浪费；利用现场的原位土体作为建筑材料，减少了弃土；对地基的扰动小，减小噪声污染和振动影响。通过智能化和信息化的手段保证水泥土搅拌墙的施工质量，同时做到了节能环保，绿色低碳发展，将材料的浪费和环境的污染降到最低，CSM 止水帷幕满足建筑行业发展的需求，具有广阔的应用推广空间。

2.5　深基坑多管井降水回收利用关键技术

2.5.1　技术概况

随着深基坑工程技术的发展，基坑的降排水显得越来越重要，特别是在我国地下水位较高的地区，降排水的水量巨大。不论采用何种降水方式，降水最终均是漫排至河道或者通过市政管网排放，降排水直接外排且降水的水质较差，不能有效利用，水资源浪费严重。如何提高降排水的利用率，实现可持续发展，目前国内尚未有比较成熟的技术可以采用。

针对降排水水资源浪费等问题，通过对基坑降排水施工进行研究改进，在过滤水渠设置不同孔径过滤网分级过滤并兼顾沉淀，放置提渣架进行提渣，通过传感器智能监控水位，及时排出已经处理的降水，最终形成了深基坑多管井降水回收利用技术，解决了基坑降排水工作的同时，又极大地对地下水进行了重复利用，在节约资源、降低成本、工程质量保证等方面取得良好成效。

深基坑多管井降水回收利用关键技术可广泛应用于地下水丰富、地区降水量较大的基坑降水工程，可以极大地提高地下降排水的重复利用。

2.5.2　技术特点

（1）通过过滤网实现分级过滤，使基坑降水最终利用时过滤得更彻底，过滤水渠的多个混凝土框对应过滤网的网孔大小自上游至下游逐渐递减。此设置对杂物的过滤为先过滤大颗粒后过滤小颗粒，使得杂物可以分级被过滤，这样一方面上游的过滤网不易堵塞而导致水无法通过，另一方面使得泥沙可以分散沉淀在整个过滤水渠的长度内，避免快速堆积在上游而导致需要频繁清理才能继续使用的问题。

（2）通过清渣单元内放置有提渣架，使清淤工作更加方便快捷，清理时从上游至下游依次关闭对应的清渣单元的截流堵板，待清渣单元内的水排尽后通过提手将提渣架提出，然后将托盘上泥沙倒入运输车，将提渣架重新放回，打开上游的截流堵板即可。

（3）通过光纤式水位控制系统可有效及时地记录实时水位、历史数据、出水量等数据，再通过对水质的监测，根据水的 pH 及 Cl^- 含量分别使用到混凝土养护、洒水降尘、喷淋、绿化浇水等地方。

2.5.3 工艺流程

深基坑多管井降水回收利用工艺见图 2.5-1。

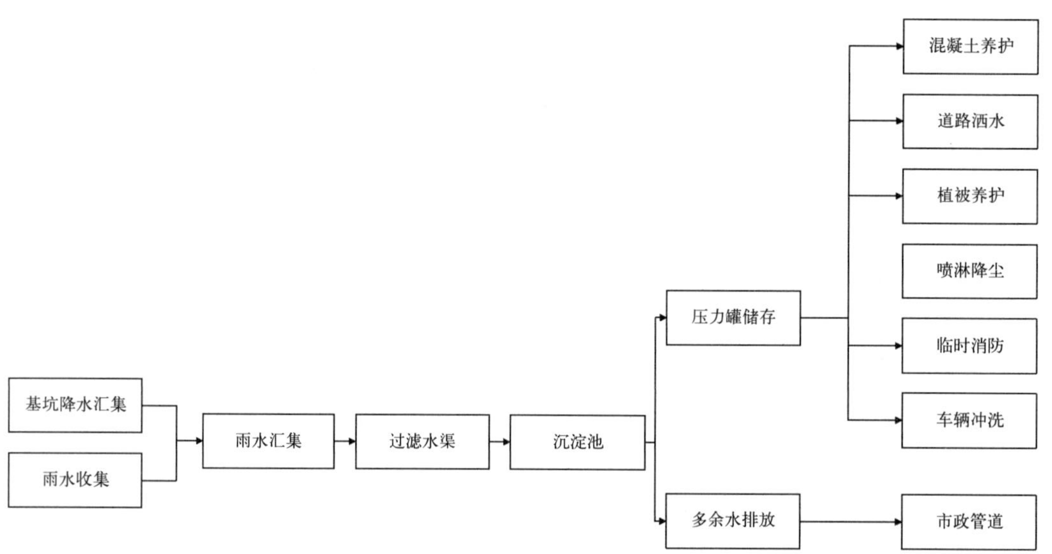

图 2.5-1 深基坑多管井降水回收利用工艺图

2.5.4 技术要点

1. 系统布置

深基坑多管井降水回收利用系统布置如图 2.5-2 所示。

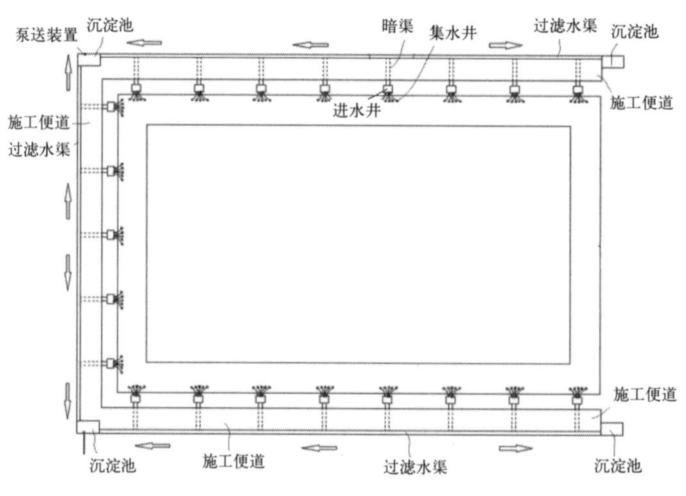

(a) 系统布置示意图

图 2.5-2 深基坑多管井降水回收利用系统布置图（一）

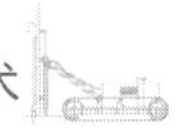

（b）系统布置现场图

图 2.5-2　深基坑多管井降水回收利用系统布置图（二）

2. 施工便道修筑及集水井砌筑

距离基坑边缘 4m，修 6m 宽 0.2m 厚 C20 施工便道，并在距便道 0.5m 处每隔 30m 砌筑 0.5m × 0.5m × 0.5m 集水井，集水井做好防水处理。长度方向上于靠近基坑的一侧均匀排布有多个，集水井通过施工便道下方的暗渠连通进入过滤水渠。集水井如图 2.5-3 所示。

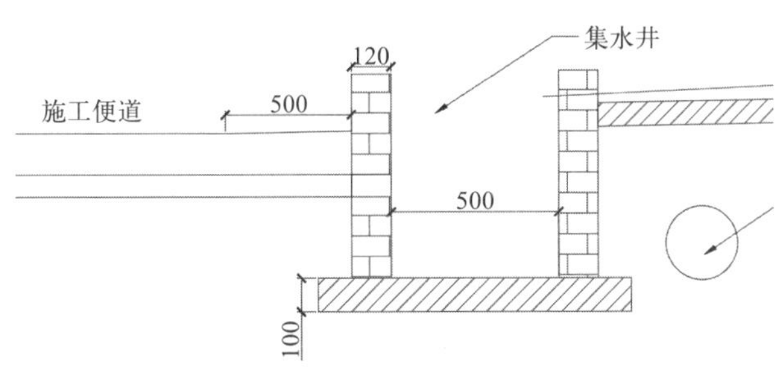

（a）集水井示意图

（b）集水井现场图

图 2.5-3　集水井图示

3. 过路暗渠预埋

便道施工时，对应集水井位置埋设两根 ϕ160 镀锌钢管作为暗渠，暗渠埋设时应尽量埋深，防止被破坏。过滤水渠长度方向上于靠近基坑的一侧均匀排布有多个进水口，进水口通过施工便道下方的暗渠连通进水井。过路暗渠现场如图 2.5-4 所示。

图 2.5-4　过路暗渠现场图

4. 过滤水渠砌筑

过滤水渠靠近施工便道外侧修筑，水沟宽 0.7m，采用 24 墙砌筑，水沟底部为 0.1m 厚 C15 混凝土垫层，每 10m 设置内支撑一道，支撑前设置过滤网，共分三级，长度方向为 1‰坡向沉淀池及蓄水池。过滤水渠如图 2.5-5 所示。

图 2.5-5　过滤水渠现场图

5. 沉淀池（蓄水池）砌筑

在基坑的边缘处设置集水井，过滤水渠坡率 0.5‰。每隔 250m 或拐角处设置三级沉淀池，根据出水量及地方常年降水量，确定沉淀池 8m × 10m × 2.5m，基坑开挖后浇筑 20cm 厚混凝土垫层，采用砖砌筑，每隔 2m 设置一道 37 垛，砌筑时灰缝饱满，线条直顺，垂直度控制精确。

6. 清渣单元设置

过滤水渠的长度方向上间隔设置有多个具有过流通道的混凝土框，混凝土框的过流通道处设有过滤网和截流堵板，任意相邻两个混凝土框之间构成清渣单元，每个清渣单元内放置有提渣架，提渣架包括放在清渣单元底部的托盘以及连接在托盘上的提手，清渣时关闭上游的截流堵板，待清渣单元内的水流尽后通过提手提出落在托盘上的泥沙。

混凝土框的上部设有上下延伸的矩形贯穿孔，截流堵板为矩形板，截流堵板插装在矩形贯穿孔内以实现对混凝土框的过流通道的封堵，操作方便。

清渣单元布置见图 2.5-6。

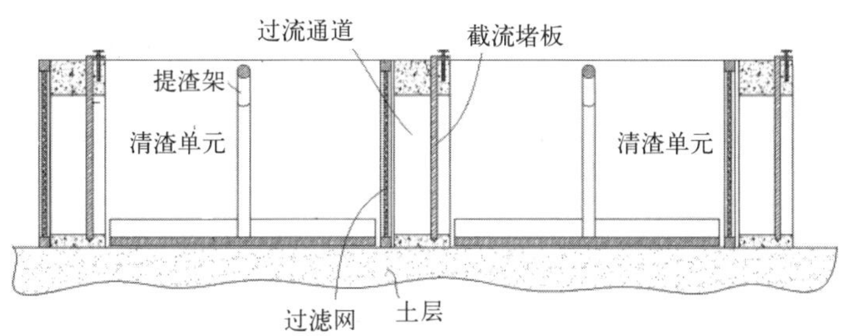

图 2.5-6　清渣单元布置示意图

7. 沉淀池水位传感器和泵送装置安装

在沉淀池中安装水位传感器和泵送装置，在水位达到设定水位后自动将沉淀池内的水泵入现场积水装置，多余部分在当地有关部门同意的情况下排入附近市政管网或河流。基坑降水回收如图 2.5-7 所示。

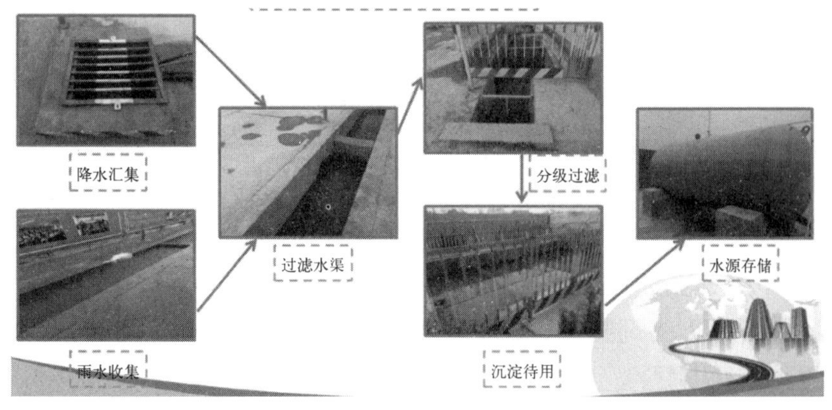

图 2.5-7　基坑降水回收图

8. 降水施工

土方开挖过程中，根据现场实际情况和施工进度要求，采用轻型井点作为开挖过程中的辅助降水措施，与管井降水联合使用。若管井降水达不到预期效果则采用轻型井点辅助。轻型井点降水井管采用直径32mm的PVC管，长度2.5mm，整根或分节组成，滤管采用内径同井点管的PVC管，长度0.8m，井点间距1.5m，管壁设置孔眼，孔眼直径6mm，孔眼采用梅花布置，孔眼间距200mm，滤管外缠一层滤网，滤网为100目尼龙网或铁丝网。集水总管采用内径32mm的PVC管，长3.6m，分节组成，每节1.5～2m。每一个集水总管与15个井点管连接。井点管成孔直径为100mm，成孔深度大于滤管底端埋深0.5mm。

9. 水回收利用

基坑降水通过汇聚、分级过滤至三级沉淀池，将清水池中的水泵送至压力罐，再通过现场供水系统输送至取水点，用于现场围挡喷淋、路面洒水、工地出入口车辆冲洗、工程混凝土养护等，如图2.5-8所示。

基坑降水回收利用根据水的不同等级分别利用，利用前需要对水质进行检测。车辆冲洗、喷淋、路面洒水可直接采用基坑降水，用水混凝土养护时必须对水的pH、Cl^-等含量进行检测，合格后方可使用。

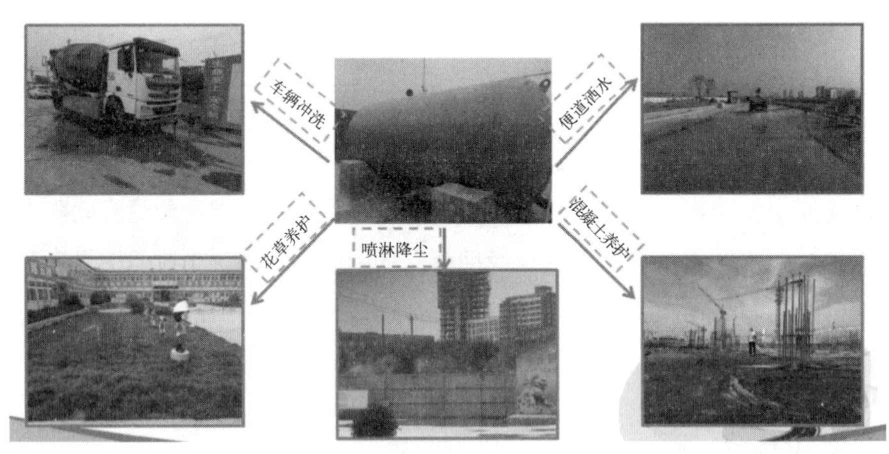

图2.5-8　基坑降水利用图

10. 质量控制

（1）砖砌排水沟质量检验和质量标准基本要求：

1）砌体砂配合比准确，砌缝内砂浆均匀饱满，勾缝密实。

2）混凝土预制块的质量和规格应符合设计要求。

3）基础中缩缝应与墙身缩缝对齐。

4）砌体抹面应平整、压光、直顺，不得有裂缝、空鼓现象。

5）浆砌排水沉降缝为平缝，缝上口宽 4cm，下口宽为 2cm，下口塞浸沥青木板，上口塞沥青麻絮，然后用沥青封盖。

6）土沟的断面尺寸、沟壁坡度、底部纵坡及其平顺符合规定要求的情况下进行砌筑。

7）砌筑过程应注意石块相互挤紧咬接，砂浆饱满，尤其在底部与沟坡转角处防止渗透。

8）排水沟断面尺寸必须做足，防止排水不畅。

9）砌筑时勾缝严密，压光，砌筑平整，不带假缝、抹面空鼓、裂缝等缺陷。

（2）沉淀池进出水口位置及高程应满足设计要求。

（3）沉淀池应做渗漏试验，渗漏量应符合要求。

（4）降水井及排水沟质量控制见表 2.5-1。

降水井和排水沟质量控制表　　表 2.5-1

检查项目	允许值或允许偏差	检查方法
井间距	≤ 200% 设计间距	尺量
钻机就位	现场实测对位偏差情况，不得大于 2cm	尺量
孔深	不应小于设计深度	测绳测量
下放井管	必须保证井管在孔中保持居中，垂直度误差≤ 1%	插管时目测
	保证井管高出地面 300mm，外露部分不宜过长，井口必须加盖	尺量
填充滤料	粒料要采用水洗砂料，必须控制含泥量小于 3%	检查回填料用量
水位控制	降水质量达到结构施工的要求，地下水位控制在槽底以下 0.5 ~ 1m	每日水位测量
排水沟坡度	± 2‰	目测：不积水，排水通畅
观查出水含砂量	（粗砂）小于 1/50000	专用仪器
	（中砂）小于 1/20000	
	（细砂）小于 1/10000	

（5）清渣单元混凝土框的质量和规格应符合设计要求。

（6）清渣单元的托盘、提手及截流堵板应安装牢固，不易脱落，采取防锈措施。

（7）过滤水渠的过滤网具耐酸、耐碱、耐温、耐磨等性能，网眼结构分布均匀。

2.5.5　工程应用

1. 工程概况

商丘火车站核心区绿轴项目是高铁站综合客运枢纽的重要组成部分，起着连接高铁站站前广场和周边地下空间的作用。项目定位为区域商业商务配套和生活服务配套项目，同时改善提升周边城市景观环境，对提升区域的文化品质和商业价值有着重要意义。项目南北长 726.5m，东西宽 97.5m，平均开挖深度约 13m，地下建筑面积 98357m^2，基坑开挖土方 93 万 m^3，基坑支护结构采用排桩 + 锚索 + 土钉墙的联合支护，降水采用深井管井降水为主，轻型井点辅助的形式。项目常年水位在地面以下 2.5m 左右，地下水丰富，考虑降水回收实现地下水的重复利用。项目效果图见图 2.5-9。

图 2.5-9　商丘火车站核心区绿轴项目效果图

2. 地质水文概况

（1）工程地质

根据地质勘查资料，勘探深度范围内地层共分为 10 层和 3 个亚层，主要为第四系冲洪积粉土、粉质黏土、粉砂、细砂等。

（2）水文地质

场地静止水位埋深在现地表下 4.0m 左右，近 3 ~ 5 年中较高水位为 3.0m，场地浅层地下水补给主要为大气降水垂直入渗补给，排泄方式主要为蒸发和人工开采。地下水的水位埋深受大气降水影响明显，雨季水位抬升，旱季水位下降，水位年变幅为 1.0 ~ 1.5m。

3. 应用效果

深基坑多管井降水回收利用系统关键技术在商丘火车站核心区绿轴工程得到成功应用，排水施工过程中无有害物和垃圾，通过自动化收集排水，再次利用到洒水降尘、混凝土养护等方面，符合国家绿色建造理念，节能环保效益明显。该技术大大缩短了工期，同时保证了工程质量，也带来了可观的经济效益。

本施工技术排水效果好，综合性能良好，绿色环保，利用性高，符合现代化设计的要求。深基坑降排水工程，本身就是施工过程中一大难点，能否做好降排水施工，

直接关系到工程的施工进度与基础施工质量。地下工程采用此项施工技术，在实施过程中解决地下室降排水工作的同时，又极大地提高对地下水的重复利用，在节约资源、降低成本、工程质量保证等方面取得良好成效。随着该技术的越来越成熟，在各类地下工程中的应用必将更加普遍。

2.6　施工阶段地下暗泉封堵施工关键技术

2.6.1　技术概况

土方开挖及基础筏板施工过程中，由于地勘报告中水位线未达到基础槽底标高，施工设计未考虑设置地下水降水工程，基础槽底土方开挖发现地下暗泉时存在以下问题：

（1）基础槽底土方开挖阶段：不能连续开挖，影响施工工期。基础槽底暗泉持续涌出泉水，导致土方不能连续开挖施工；泉水长时间浸泡槽底土质，影响基础持力层承载力，有较大的质量安全风险。

（2）基础筏板施工阶段：地下暗泉泉水不断涌出，基础垫层及基础筏板混凝土不能浇筑施工，采取其他方法排水及控水措施，无法满足基础筏板混凝土浇筑成型后的抗渗要求。

针对上述问题，若在基坑周围设置降水井，不仅耽误工期而且增加费用，而且不一定能有效消除暗泉。对此通过技术创新，设计应用了在土方开挖和基础筏板施工阶段的地下暗泉封堵施工技术，该技术通过新型装置封堵件，能够在消除暗泉持续降水控水的同时，保证土方开挖及基础垫层筏板连续施工，成型后满足抗渗要求，减少资源浪费、节约成本、节能环保、缩短工期，与传统的基坑降水工艺相比具有一定的经济性。

施工阶段地下暗泉封堵施工关键技术适用于建筑工程中土方开挖及基础筏板施工阶段，地下水位低于基坑底部时，基坑底部局部出现地下暗泉，需要施工中持续控水及筏板混凝土成型后的有效封堵。

2.6.2　技术特点

（1）土方开挖阶段地下暗泉采用封堵件持续控水，可以保证土方开挖的连续施工。在地下泉眼位置采用专用封堵件进行前期集水，根据泉水涌量大小采取相应规格的污水泵进行对封堵件内集水控水，土方作业连续施工。

（2）基础筏板施工阶段地下暗泉采用封堵件持续控水，可以保证混凝土浇筑的连续施工。地下暗泉处利用封堵件持续控水，基础垫层正常浇筑施工；后续防水施工对封堵件处进行细部处理；基础筏板钢筋绑扎施工对封堵件处进行洞口加强处理；基础筏板抗渗混凝土浇筑正常施工；基础筏板混凝土成型后对封堵件采用焊接盲板或螺栓盲板进行封堵，封堵件进行封堵后采用基础底板混凝土强度高一等级抗渗混凝土填平。

2.6.3 工艺流程

施工阶段地下暗泉封堵施工工艺流程见图 2.6-1。

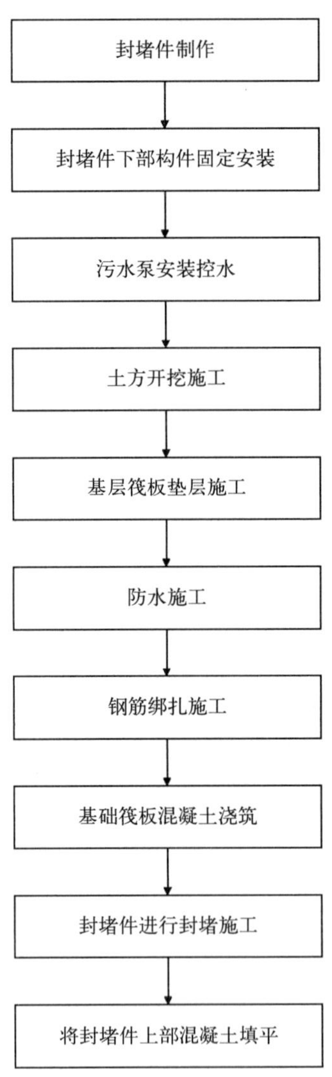

图 2.6-1　施工阶段地下暗泉封堵施工工艺流程图

2.6.4　技术要点

1. 土方开挖施工阶段

采用封堵件下部构造固定在地下暗泉出水点位置，封堵顶标高低于基础筏板顶标高 20cm；将封堵件底部四周斜挖 50cm 换填级配碎石压实，根据出水量的大小选择合

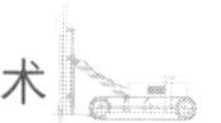

适的污水泵，对封堵件内泉水抽水以达到控水效果；土方开挖可以持续作业。封堵件如图 2.6-2 所示。

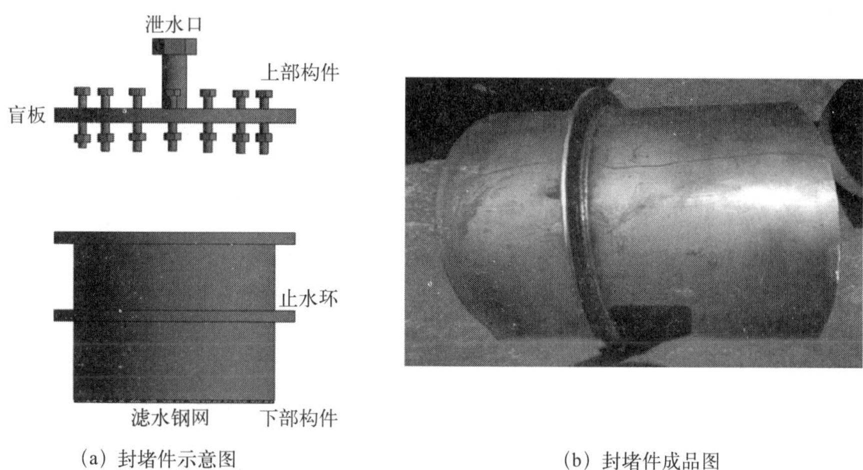

(a) 封堵件示意图　　(b) 封堵件成品图

图 2.6-2　封堵件图

2. 基础筏板垫层施工阶段

封堵件与污水泵的配合对地下暗泉的泉水控制，基础筏板垫层正常施工；垫层施工成型后采取 1∶2.5 的水泥防水砂浆对封堵件底部阴角处做出圆弧或 45° 斜坡及轧光处理。

3. 基础筏板防水施工阶段

封堵件与污水泵的配合对地下暗泉的泉水控制，防水层正常施工；局部对封堵件细部防水加强处理，加强层宽度宜为 300 ~ 500mm。加强防水层上返至封堵件下部构件止水环处。

4. 基础筏板钢筋施工阶段

封堵件与污水泵的配合对地下暗泉的泉水控制，钢筋绑扎工艺正常施工；依据相关规范局部对封堵件洞口处钢筋进行加强处理。封堵件现场安装如图 2.6-3 所示。

图 2.6-3　封堵件现场安装图

5. 基础筏板混凝土浇筑施工阶段

封堵件与污水泵的配合对地下暗泉的泉水控制，混凝土浇筑正常施工；对封堵件上部 20cm 混凝土采取模板安装预留。基础筏板混凝土浇筑如图 2.6-4 所示。

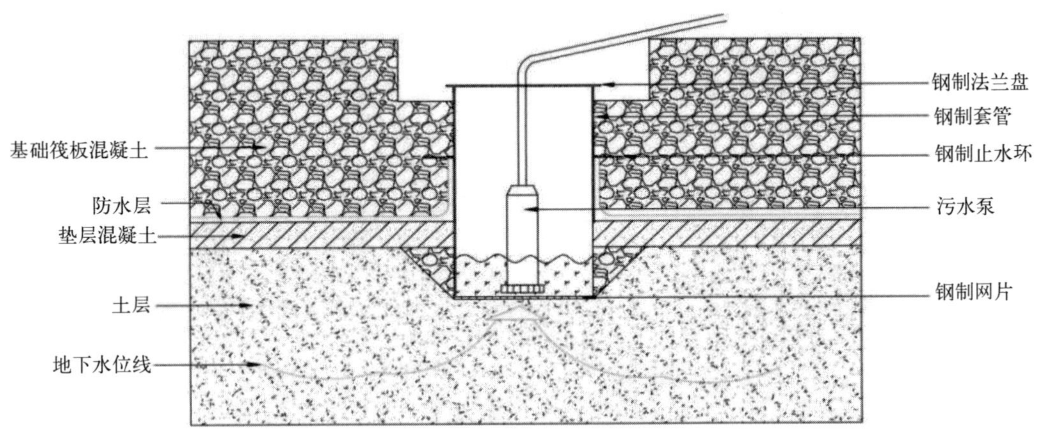

图 2.6-4　基础筏板混凝土浇筑示意图

6. 基础筏板混凝土成型阶段

封堵件与污水泵的配合对地下暗泉的泉水控制，将封堵件上部预留模板进行拆除，采用焊接盲板或法兰盲板对封堵件进行封堵；封堵盲板时上部泄水孔开启，满足盲板安装时减小水压的效果；当盲板封堵完成后将泄水孔关闭封堵，达到止水封堵的效果。将封堵件上部混凝土进行凿毛处理并清理浮浆，选用比基础筏板混凝土强度高一等级抗渗混凝土进行填平。基础筏板混凝土成形如图 2.6-5 所示。

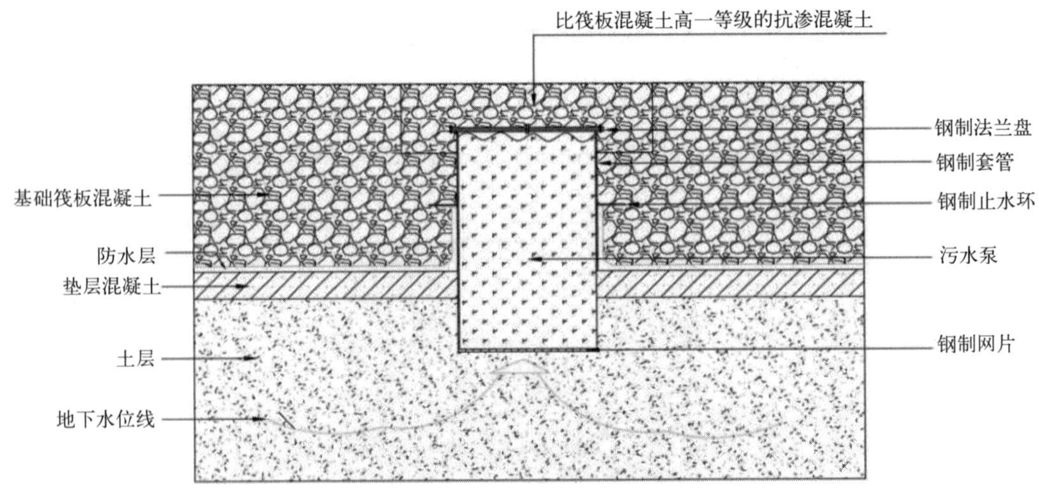

图 2.6-5　基础筏板混凝土成形示意图

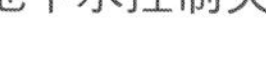

7. 质量控制

（1）封堵件制作

1）封堵件制作前应根据地下暗泉出水量及泉眼大小选择合理的封堵件套管尺寸。

2）封堵件中间止水环采取双面满焊工艺焊接。

3）根据现场情况选用适当的封堵盲板。

4）封堵件焊接完成后对构件进行全部防腐涂刷处理。

（2）封堵件安装

1）土方开挖阶段根据基础筏板顶标高计算出封堵件摆放位置及高度。

2）封堵件四周 50cm 内采取级配碎石换填，达到集水及固定效果。

（3）基础筏板处地下暗泉处理

1）根据地下水量的大小选择相适应的污水泵对构件进行控水，达到无明水渗出构件的效果。

2）防水层施工时对构件进行细部加强处理。

3）基础筏板钢筋绑扎施工时对构件洞口处进行细部加强处理。

4）盲板封堵后采取比筏板混凝土强度高一等级抗渗混凝土进行填平。

5）混凝土填平前将原有混凝土进行凿毛并清理润湿。

2.6.5　工程应用

1. 工程概况

湖岸新城茉莉苑·玉兰苑项目位于唐山市丰南区春阳街与荣昌路交叉口的东南侧，其中玉兰苑总建筑面积为 73868.18m^2，其中地上面积 57275.35m^2；茉莉苑总建筑面积为 74983.23m^2，其中地上面积为 56817.23m^2。施工范围包括地基及基础工程、主体结构及安装工程、二次结构、防水及人防工程等，结构形式为剪力墙结构，基础形式为钢筋混凝土筏板基础。

2. 地质水文概况

（1）工程地质

本区位于华北平原断块拗陷区（II_3）的北部、燕山断块隆起区（II_2）的东部，即东西向阴山—燕山南缘活动的构造带与北东向华北平原活动构造带的交会处，场址位于华北平原地震带内。

地质勘察查明在钻探所达 50m 深度范围内，场地地层除上部杂填土外，其余属第四系全新世及晚更新世冲积洪积层。其上部由冲、洪积交互沉积形成。根据地层的埋藏条件、岩性特征和物理力学性质指标，将场地地基土划分为 11 个工程地质主层，1 个工程地质亚层，从上至下分别为①$_{-1}$ 杂填土、①素填土、②粉土、③细砂、④粉土、⑤细砂、⑥粉土、⑦细砂、⑧粉质黏土、⑨细砂、⑩粉质黏土和⑪细砂。

（2）水文地质

勘察深度范围内有一层地下水，稳定水位 2.35 ~ 7.6m，地下水类型为潜水，含水层为细砂，隔水层为粉土，地下水主要接受大气降水、地表水、地下径流补给，以蒸发、地下径流、隔水层边缘排泄为主。地下水动态受气候影响较明显，地下水年最大变化幅度 2.0m 左右。本场地地下水及土对混凝土结构具微腐蚀性，长期浸水对混凝土中的钢筋具微腐蚀性，干湿交替对混凝土中的钢筋具微腐蚀性，对设计施工无太大影响。

3. 应用效果

湖岸新城茉莉苑·玉兰苑项目在土方开挖阶段共发现 2 处地下暗泉，该项目针对土方开挖阶段地下暗泉涌水采用了自主研发的封堵件持续控水。根据泉水涌量大小采取相应规格的污水泵对封堵件内集水控水，保证土方及基础筏板作业连续施工。封堵件钢制套管上双面满焊止水环后用盲板封堵并进行防腐处理，安装在基础筏板以下标高，四周回填级配碎石，稳固封堵件，提高集水效果。

工程实践表明，施工阶段地下暗泉封堵施工技术能够缩短工期，提高质量，降低成本，保障安全，利于环保。该技术具备安全、质量、节能、环保等系列指标上的优势，有显著的经济效益和社会效益。施工阶段地下暗泉封堵施工关键技术与国内同类技术相比有着很强的实际应用性及简单操作性，可以在建筑施工领域暗泉封堵施工中大面积推广应用。

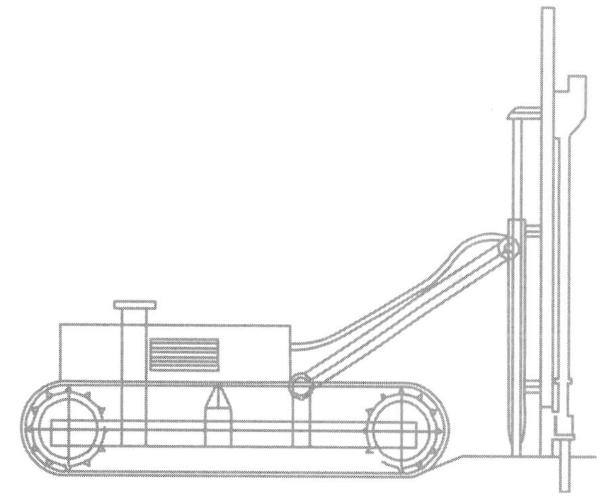

第3章　土方施工关键技术

基坑工程土方开挖的目的是给地下结构工程的施工提供工作空间。基坑工程土方施工方案应综合考虑场地工程地质和水文地质条件，结合支护设计方案、环境保护要求、施工场地条件、基坑平面形状、基坑开挖深度等。本章从技术概况、技术特点、工艺流程、技术要点等多方面总结了软土深基坑“一个断面三台挖机”跳仓挖土、闹市区狭小空间临地铁逆作法施工等 4 项土方施工关键技术，并且分别在项目的工程实践中取得了良好的效果。

3.1 软土深基坑“一个断面三台挖机”跳仓挖土关键技术

3.1.1 技术概况

土方开挖前，根据结构底板控制收缩裂缝的尺寸要求、临时放坡的空间需求、挖土作业面需要以及兼顾挖土效率等划分开挖分区的大小，然后确定各开挖分区的开挖顺序，再根据各区开挖顺序布置场内主要临时施工道路；每个开挖分区的开挖点采用三台挖机接力挖土，开挖分区之间采取跳仓挖土。

在每个开挖点形成临时二级放坡，在一个开挖断面上的坡顶、坡中平台、坡底各布置一台挖机，形成“一个断面三台挖机”，采取退挖、一次到底无需分层。开挖分区之间采取跳仓挖土，将基坑土应力分块释放，再通过在地下室底板和中楼板设置传力带，利用区块间开挖时间差，将基坑侧壁的土压力先后作用在地下室结构上，大大减小基坑开挖的安全风险。

软土深基坑“一个断面三台挖机”跳仓挖土关键技术适用于开挖深度 5 ~ 10m 的软土深基坑土方开挖，尤其适用于开挖深度 10m 以下的基坑设计安全储备小基坑开挖。

3.1.2 技术特点

(1) 土方开挖前，应先划分开挖分区，确定各分区的开挖顺序。

(2) 土方开挖时，形成临时二级放坡，一个开挖断面上布置三台挖机接力挖土。

(3) 退挖，一次到底，无需分层。

(4) 开挖分区采取跳仓挖土。

(5) 根据基坑变形监测结果，可灵活调整开挖分区的大小。

3.1.3 工艺流程

软土深基坑“一个断面三台挖机”跳仓挖土施工工艺流程见图 3.1-1。

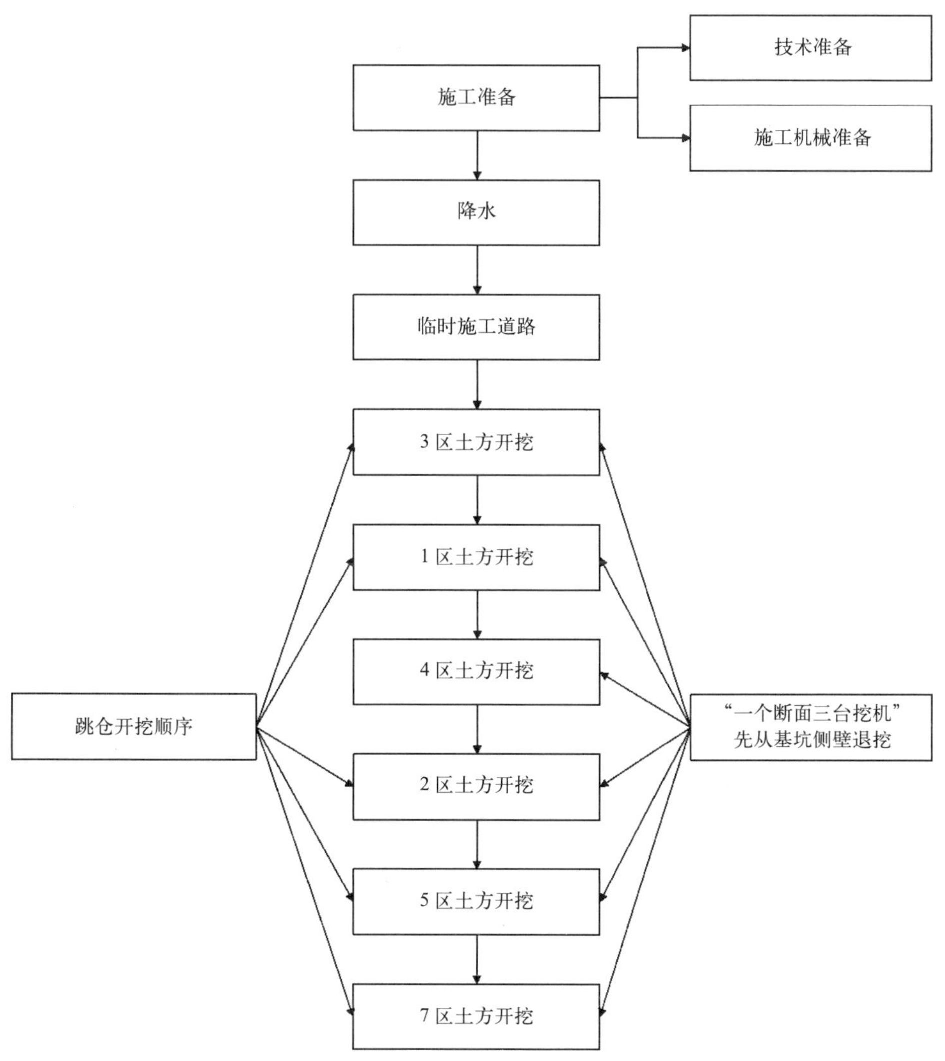

图3.1-1　软土深基坑"一个断面三台挖机"跳仓挖土施工工艺流程图

3.1.4　技术要点

1. 施工准备

（1）技术准备：熟悉地勘报告、施工图纸、技术标准、规范等资料，编写施工方案、组织专家论证，并对相关作业人员及管理人员进行详细的技术交底。

（2）施工机械准备：根据日均出土量，以及土方运距配备足够数量的反铲挖掘机、土方车等施工机械。

2. 临时施工道路

（1）临时施工道路布置

根据土方分区开挖施工顺序，将临时施工道路布置在开挖时间较晚的区域，尽量避免临时施工道路移位。力波啤酒厂转型项目深基坑面积较大，日均出土量约

4000m^3，且土方开挖与基坑支护交叉施工，为了避免场内交通拥堵，临时施工道路呈环状布置，施工机械车辆考虑“一进一出”通行。临时施工道路如图 3.1-2 所示。

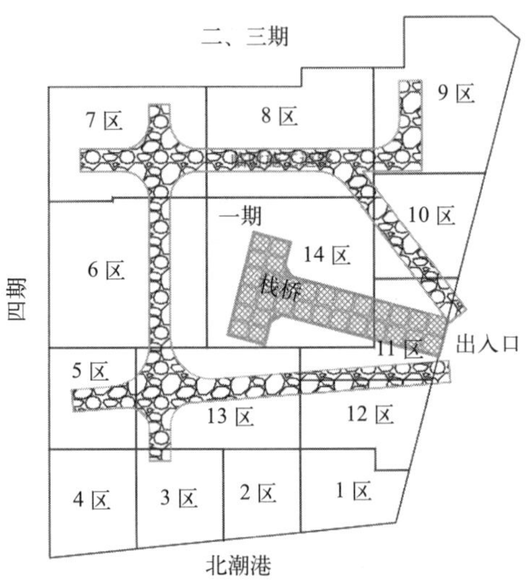

图 3.1-2　临时施工道路布置示意图

（2）临时施工道路换填

先将临时施工道路下方的虚土挖除，然后采用砖渣回填、压实；临时施工道路厚度约 0.6m，宽度 8 ~ 10m。

3.“一个断面三台挖机”接力开挖

（1）各开挖分区内采取“一个断面三台挖机”接力开挖方式，从基坑侧壁开始退挖，开挖时形成临时两级放坡，三台挖机分别布置在坡顶、坡中平台、坡底接力挖土，一次到底（即不分层），与分层开挖相比，不需要多次换填出土施工道路，加快了土方开挖进度，如图 3.1-3 所示。

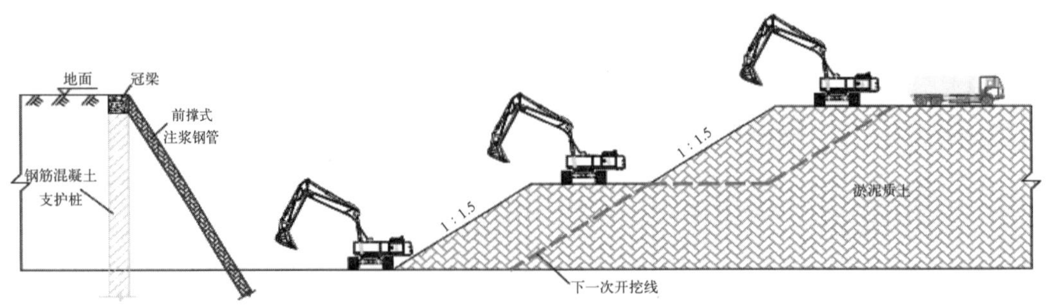

图 3.1-3　“一个断面三台挖机”接力挖土示意图

（2）临时两级放坡的坡度为 1 : 1.5，在退挖过程中，始终以形成两级放坡为根本

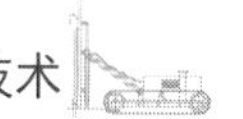

来挖除土方。

（3）土方开挖至设计标高后，应在 8h 内将垫层浇筑完毕，及时施工地下室底板，防止软土基坑的基底隆起，尽快将基坑侧压力传递给地下室结构。

（4）在休班停机前，应确保形成两级放坡，挖机驶离作业面，防止临时边坡坍塌。

（5）土方即挖即运，严禁坑边堆栽。

4. 跳仓挖土

（1）跳仓开挖分区

以力波啤酒厂转型项目为例，根据楼栋的分布、挖土分区工作面，以及结构收缩变形等因素综合考虑，将本项目土方开挖划分为 14 个区进行跳仓开挖，如图 3.1-4 所示。

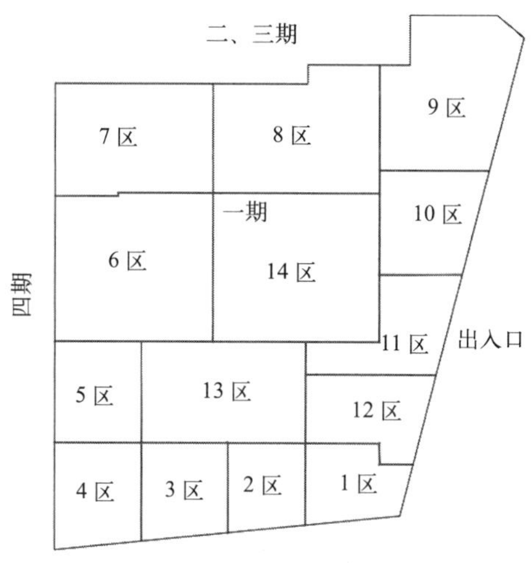

图 3.1-4　跳仓挖土分区示意图

（2）跳仓开挖顺序

根据业主预售、地下室顶板行车等施工部署要求，本工程跳仓开挖顺序为 3 区→1 区→4 区→2 区→5 区→7 区→9 区→6 区→8 区→13 区→10 区→12 区→14 区→11 区。其中，3 区为业主预售楼栋，优先施工；1 ~ 9 区地下室顶板为整个工程的场内交通枢纽，也提前组织施工。

（3）相邻分区跳仓挖土与底板施工节奏要求

后开挖的分区开挖前，其相邻分区应已开展地下室底板钢筋绑扎，后开挖的分区开挖完成后，其相邻分区的地下室底板（传力带与底板同步浇筑）应浇筑完成。相邻分区的地下室底板施工与土方开挖应相互协调，将基坑侧壁土应力分块释放，基坑侧壁土压力分块、先后传递给地下室结构，确保基坑开挖安全。

5. 监测与分析

制定科学、合理的监测方案，监测点位布置、时间与第三方监测错开，形成互补，按照监测方案要求，对坡顶水平位移、坡顶沉降量、坑底标高、周边地面、地下水位等进行监测，将采集的监测数据与设计数据对比，实施动态管理，以便出现问题及时采取有效的应对措施，如表 3.1-1 所示。

项目监测一览表　　表 3.1-1

序号	监测项目	监测仪器	监测频率	监测目的
1	坡顶水平位移	全站仪	初期：1 次 /h； 后期：2 次 /d	掌握外界条件对表层土的影响
2	坡顶沉降量	全站仪	初期：1 次 /h； 后期：2 次 /d	掌握外界条件对较深层土的影响
3	坑底标高	水准仪	2 次 /d	掌握坑底隆起情况
4	地下水位	测绳	2 次 /d	掌握基坑地下水稳定情况
5	周边地面	观察	2 次 /d	掌握周边道路开裂、沉陷

通过监测值与基坑监测预警值对比，当监测值未超过预警值，说明基坑开挖过程安全，可按原基坑开挖方案继续施工；当监测数据超过预警值，可减缓开挖节奏，若监测值逐渐减小至小于预警值，仍可按原基坑开挖方案继续施工，若监测值持续大于预警值，采取减小跳仓开挖分区面积等措施。

6. 质量控制

（1）主控项目

土方开挖主控项目见表 3.1-2。

土方开挖主控项目表　　表 3.1-2

项目	允许偏差 / 标准	检查数量	检查方法
原状地基土	不得扰动、受水浸泡及受冻	全数检查	观察，检查施工记录
边坡坡度及坡脚位置	符合设计要求	每 20m 边坡检查 1 点，每段边坡至少测 3 点	坡度用坡度尺结合 2m 靠尺量测，坡脚位置用全站仪等量测
开挖区的标高	场地平整：±50mm	每 400m^2 测 1 点，至少测 5 点	用水准仪测量
	其他：−50 ~ 0mm		
开挖平面尺寸	符合设计要求	全数检查	放出开挖区设计边线，将开挖区实际边线与设计边线对比

（2）一般项目

土方开挖一般项目见表 3.1-3。

土方开挖一般项目表　　表 3.1-3

项目	允许偏差 / 标准	检查数量	检查方法
分级放坡边坡平台宽度	-50 ~ +100mm	每 20 延米平台检查 1 点，每段平台至少测 3 点	用钢尺量测
开挖区的表面平整度	场地平整：50mm	每 400m² 测 1 点，至少测 5 点	用 2m 靠尺和钢尺检查
	其他：20mm		
分层开挖的土方工程，除最下面一层土方外的其他各层土方开挖区表面标高	±50mm	每 400m² 测 1 点，至少测 5 点	用水准仪等测量

（3）质量保证措施

1）组织措施

①编制土方开挖专项施工方案，按要求组织专家论证、报批。

②执行逐级交底制度。

③技术复核制度。对土质、位置、尺寸、标高等进行复核，并填写技术复核记录。

④土方开挖过程中，现场施工员应旁站，对不按要求施工的行为应及时制止，并要求其改正。

⑤项目技术负责人、现场生产经理应不定时现场巡检，发现问题及时采取应对措施或对施工方案进行改进。

⑥严格执行基坑验槽施工程序。

2）技术措施

①土方开挖前，应撒白灰圈出开挖范围，严禁超挖。

②在工程桩、降水井附近挖土，应派专人指挥，防止挖机损坏工程桩、降水井。

③在坑底预留 200 ~ 300mm 厚的土方，采取人工开挖，防止超挖；当发生超挖时，可采用 3：7 级配砂石或低强度等级素混凝土回填。

④土方挖至设计标高后，应立即浇筑混凝土垫层或设置加厚配筋垫层，以防坑底淤泥质土隆起。

⑤土方开挖前应提前降水，将地下水位降至开挖面以下 0.5m，加强基坑排水，防止坑底土体被浸泡，造成基底沉降。

3.1.5　工程应用

1. 工程概况

上海市力波啤酒厂转型项目一期工程土方开挖面积约 25500m²，基坑周长约 680m，基坑开挖深度 9.70m；二、三、四期区域开挖面积约 39000m²，其中地下二层区域面积 12500m²，地下一层基坑开挖深度 6.00 ~ 7.35m，地下二层基坑开挖深度

9.70 ~ 11.95m；挖深 6m 区域基坑安全等级为三级，挖深 7.35 ~ 11.95m 区域为二级，环境保护等级除北侧靠近益梅路为二级外其余侧均为三级；工程基坑支护的设计使用年限为 2 年。

（1）基坑周边情况

项目基坑周边情况见表 3.1-4。

基坑周边情况表　　表 3.1-4

基坑东侧	红线	基坑边线与该侧用地红线的最近距离约 4.1m
	建筑物	红线外为场地空地，上空有 220kV 高压线走廊带，高压线净高 25.8m，本工程基坑边线距离高压线最近约 19.2m，距离高压线塔最近约 20.2m，此高压线塔基础形式为独立基础，埋深 1.8m
基坑南侧	红线	基坑边线与该侧基地红线的最近距离约 4.0m
	北潮港	基坑边线距离河道蓝线约 8.3m，河边为自然土坡，河宽约 18.0m，水面标高约 2.50 ~ 2.80m，汛期最高水位约 3.60m，河岸边 4m 左右为绿化带，河驳为 1 ： 3 的放坡且进行绿化
基坑西侧	红线	基坑边线与该侧用地红线的最近距离约 11.1m
	梅陇港	基坑边线距离河道蓝线约 11.7m，河边为砌石驳岸，河宽约 18.5m，水面标高约 2.50 ~ 2.80m，汛期最高水位约 3.60m，河驳为 1：3 的放坡且进行绿化
基坑北侧	红线	基坑边线与该侧用地红线的最近距离约 4.1 ~ 8.6m
	建筑物	北侧靠东部区域分布有一幢 3 层天然地基建筑物，基坑边线距其最近距离 4.4 ~ 9.2m
	益梅路	红线外为益梅路，道路宽约 8.0m，车流量一般，道路下方分布有多条市政管线，基坑围护设计时需考虑对该侧道路及管线的保护

（2）基坑支护及降水方式

基坑支护形式：采用一道 / 二道混凝土水平支撑及注浆钢管斜撑体系。

降止水方式：采用 3ϕ850@1200mm 搅拌桩（靠近房子及高压线塔处采用双排），水泥掺量 20%；搅拌桩与灌注桩间净距 150 ~ 200mm；围护桩与搅拌桩间设压密注浆。基坑降水采用管井降水。

2. 地质水文概况

（1）工程地质

第①层杂色、灰黄色填土：近代人工填土（Q_{34}）。层厚 1.2 ~ 4.1m，该层分布于拟建场地地表。

第②$_{-1}$ 层灰黄黏土：第四系全新世滨海~河口沉积物（Q_{34}）。层厚 0.6 ~ 2.2m，层顶面埋深 1.2 ~ 2.4m，该层在拟建场地厚填土区缺失。

第③$_{1-1}$ 层灰色淤泥质黏土：第四系全新世滨海~浅海沉积物（Q_{24}）。层厚 0.7 ~ 8.5m，层顶面埋深 2.7 ~ 3.8m。全场均有分布，层位较为稳定。

第③$_{1-2}$ 层灰色淤泥质粉质黏土：第四系全新世滨海~浅海沉积物（Q_{24}）。层厚

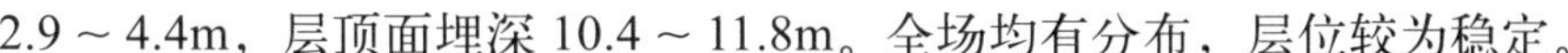

2.9 ~ 4.4m，层顶面埋深 10.4 ~ 11.8m。全场均有分布，层位较为稳定。

第③$_{2-1}$ 层灰色粉质黏土与黏质粉土互层：第四系全新世滨海~浅海沉积物（Q_{24}）。层厚 4.5 ~ 5.7m，层顶面埋深 14.1 ~ 15.3m。全场均有分布，层位较为稳定。

第③$_{2-2}$ 层灰色粉砂：第四系全新世滨海~浅海沉积物（Q_{24}）。层厚 2.6 ~ 4.7m，层顶面埋深 18.8 ~ 21.0m。全场均有分布，层位较为稳定。

第⑤$_1$ 层灰色粉质黏土：第四系全新世滨海、沼泽沉积物（Q_{14}）。层 1.4 ~ 8.1m，层顶面埋深 22.6 ~ 24.8m。全场均有分布，层顶分布较为稳定，层底有起伏。

第⑤$_4$ 层灰绿、草黄色粉质黏土：第四系上更新世河口~湖泽沉积物（Q_{23}）。层厚 0.5 ~ 3.6m，层顶面埋深 25.0 ~ 31.0m。该层在 G25、G28、J48、J49J 孔缺失，层位有起伏。

第⑦$_1$ 层灰绿、灰黄色黏质粉土：第四系上更新世河口~滨海沉积物（Q_{23}），层厚 1.8 ~ 8.1m，层顶面埋深 27.5 ~ 32.4m。全场均有分布，层位有起伏。

第⑦$_2$ 层草黄、灰黄色粉砂：第四系上更新世河口~滨海沉积物（Q_{23}），层厚 23.40 ~ 27.00m，层顶面埋深 32.0 ~ 36.6m。全场均有分布，层位相对较为稳定。

第⑨层灰色粉砂：第四系晚更新世滨海~河口沉积物（Q_{13}），揭露层厚 0.70 ~ 21.00m（未钻穿），层顶面埋深 58.7 ~ 59.3m。全场均有分布，层位相对较为稳定。

（2）水文地质

本场地浅部地下水属潜水类型，补给来源主要为大气降水。勘察期间，测得浅部土层潜水水位埋深为 0.50 ~ 2.35m，相应水位标高 2.23 ~ 3.46m。潜水水位受降雨、地表水和蒸发的影响而变化，上海地区常年平均地下高水位埋深为 0.5m，低水位埋深为 1.5m，设计计算时按地下水位埋深 0.5m 计算。经测量，拟建场地西侧梅陇港、南侧北潮港水面标高 2.20m，场地地下水位标高高于河道水位标高。根据规范及上海地区已有工程的长期水位观测资料，微承压水水位低于潜水位，年呈周期性变化，微承压水水位埋深变化幅度一般为 3.0 ~ 11.0m。

3. 应用效果

上海市力波啤酒厂转型项目的土方开挖工程，运用软土深基坑“一个断面三台挖机”跳仓挖土施工技术，只在原地面采用砖渣换填一次土方开挖的运输道路，与传统分层开挖施工方法相比，既减少了软土深基坑开挖需多次换填施工道路的成本，又加快了淤泥质土的开挖进度，节约了管理成本；本技术驱使地下室底板和中楼板的温度后浇带变更为膨胀加强带，节约了后浇带一侧的止水钢板、人工凿毛等费用的投入，节约了施工成本，具有显著的经济效益。

项目采取分区跳仓挖土，利用跳仓分区开挖时间差，将基坑侧壁土压力分块、先后传递给地下室结构，确保基坑及周边环境安全，且在一定程度上可优化基坑支护措施，节约施工资源，经济效益明显。

3.2 深窄基槽预拌流态固化土回填施工关键技术

3.2.1 技术概况

地下室外墙基槽往往回填空间狭窄、回填深，传统回填工艺多采用素土或者灰土分层使用小型夯实设备进行施工，施工难度较大、回填工期较长、回填的质量得不到保障；部分工程为确保回填质量，采用素混凝土进行回填，然而素混凝土回填造价较高，强度较大，给后期维修、维护带来了难题。

预拌流态固化土是充分利用肥槽、基坑开挖后或者废弃的地基土，在掺入一定比例的固化剂、水、土之后，通过机械设备进行充分拌合均匀，形成具有可泵送的、流动性的材料，用于各类肥槽、基坑的回填浇筑。预拌流态固化土适于泵送施工，不仅施工速度快，而且形成的预拌流态固化土强度高，质量可控，成本低，尤其适用于各种深基础肥槽及其他狭小空间区域回填施工。

3.2.2 技术特点

（1）早期强度高、固化时间短，可节约工期。采用预拌流态固化土，只需 12h 即可达到下阶段施工的强度，可保证回填的连续进行，同时可以保证基坑内支撑随回填随拆除。预拌流态固化土回填基槽所需工作面较小，可多段同时施工，施工工艺环节少，工期短。

（2）流动性好、自密性高，施工质量可控。预拌流态固化土的流动性可以将狭窄空间和异形结构空间的所有空隙填实，具有自密性的特点。施工时不需采用大型夯实和碾压设备，减少了施工对结构层的影响和破坏。预拌流态固化土浇筑时不对防水层造成破坏，既节省了建设成本又解决了狭小空间难以保护施工的问题。同时预拌流态固化土采用机械预拌、集中搅拌、现场浇筑的施工方法，预拌流态固化土搅拌均匀、质量稳定，现场浇筑受现场条件及施工人员因素影响较小。

（3）经济又绿色环保。预拌流态固化土回填基槽可以解决采用灰土回填时存在的对土的要求高、作业面较小夯实难度大、夯实质量不稳定、与基础结构界面结合不好、干法施工无法保证遇水后发生沉陷等问题，其在基槽回填的效果可以达到素混凝土的效果，但其造价远低于素混凝土回填；回填时无需对基槽的地下结构外墙防水进行保护，节约成本。预拌流态固化土采用集中搅拌，现场浇筑时材料为液态不会产生扬尘污染，绿色环保。

3.2.3 工艺流程

综合考虑施工场地的实际情况及固化土的回填工程量等因素，先在搅拌站将固化土搅拌均匀，再用罐车将固化土运至施工现场，最后利用溜槽及泵送形式对肥槽进行预拌流态固化土的浇筑回填。深窄基槽预拌流态固化土回填施工工艺流程见图 3.2-1。

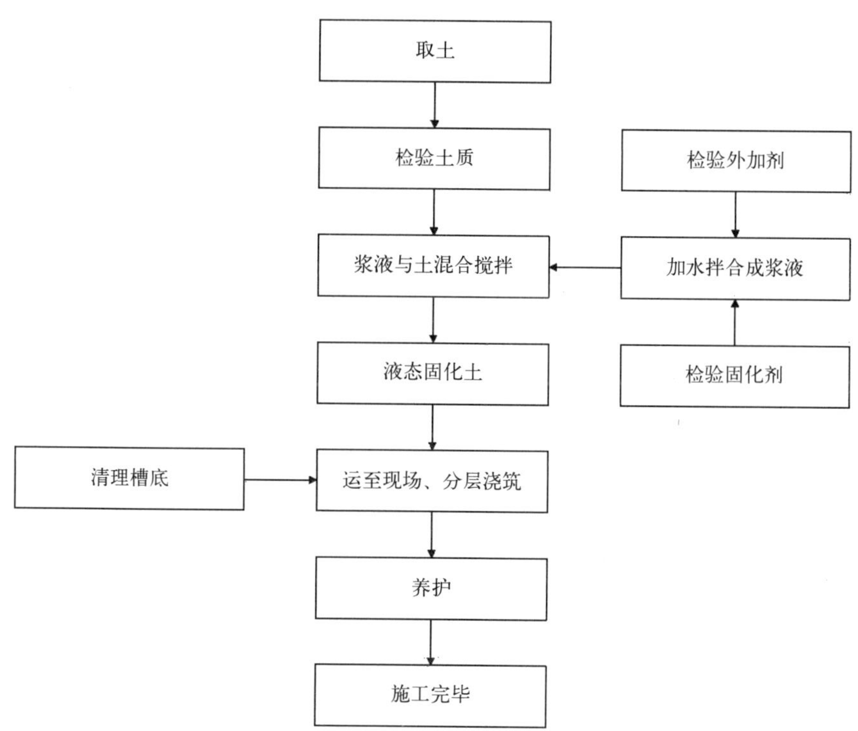

图 3.2-1　深窄基槽预拌流态固化土回填施工工艺流程图

3.2.4　技术要点

1. 材料要求

（1）土料

优先采用黏土、粉质黏土、砂粉土等，有机质含量不大于 5%，颗粒粒径不大于 50mm。未经处理的污染土不得作为固化土的原材料。预拌固化土用土可就近选择淤泥、淤泥质土、素填土、黏性土、粉土、粉细砂、中粗砂和黄土等地层。当采用淤泥作为预拌材料时，为达到设计要求的强度和性能，须加入一定量的砂。

（2）固化土

采用以 CaO、SiO_2 和 Al_2O_3 为主要成分的无机水硬性胶凝材料作为土壤固化剂。固化剂与工程用土充分拌合后，通过其自身各组分之间以及与土之间的物理、化学反应，可显著改善土的物理力学性质，并形成满足环境标准并保持长期稳定的固化体。

根据拌合用土和固化土的设计要求强度，选用合适的固化剂，固化剂成品具体的技术标准见表 3.2-1 和表 3.2-2。

固化剂物理指标表　　表 3.2-1

序号	指标	要求（%）
1	细度（80μm 方孔筛筛余量）	≤ 10
2	含水率	≤ 1

固化剂工艺指标表　　表 3.2-2

序号	指标		要求
1	净浆流动度	初始	≥ 100mm
		30min	≥ 90mm
		60min	≥ 80mm
2	初凝时间		≥ 45min

2. 固化土拌合

（1）拌合流程

预拌流态固化土采用拌合站集中搅拌。拌合过程：首先将固化剂各组分、外加剂（必要时掺入）等与水按配合比投入浆液拌合器混合成浆液，再将固化剂浆液与土投入搅拌器进行拌合成固化土混合料。

（2）拌合站组成及计量

预拌流态固化土拌合系统利用专用固化土搅拌器，将投入的固化剂浆液和土拌合成固化土。单套固化土拌合站包括以下几个系统：

1）固化剂各组分存储输送及计量系统。系统主要完成固化剂各组分的存储、输送及计量。将固化剂采用螺旋机输送至浆液搅拌器，计量控制采用时间继电器控制。

2）水输送及计量系统。拌合水输送采用清水泵，采用流量计计量、时间继电器控制。

3）浆液拌合及输送计量系统。系统将投入固化剂及水拌合成固化剂浆液，原材料多为细粉颗粒，搅拌设备应具有密闭性。浆液输送采用泵送，电磁流量计计量。

4）土输送及计量系统。系统采用配料机及输送带将土送至固化土搅拌器。计量控制采用称重计量。

预拌流态固化土拌合系统如图 3.2-2 所示。

（3）拌合要求

1）拌制混合料时，各种衡器应保持准确，对材料的含水率应经常进行检测，并调整固化剂和水的用量。

2）配料数量允许偏差（质量计）固化剂各组分：±2%，外加剂：±1%。

3）固化土流动性状检查采用坍落度指标控制，坍落度检测办法参照混凝土坍落度检测执行。

4）由于配合比试验时土的重量是按干重度计算，因此拌合时土的含水量会影响

图 3.2-2　预拌流态固化土拌合系统

固化土的坍落度，拌合用水量应根据实际的坍落度及时进行调整。

5）混合料应使用专门机械搅拌，搅拌时间不小于 2min，以搅拌均匀、和易性流动性满足要求为准。

3. 固化土分层回填

（1）预拌流态固化土采用分层分块方式进行浇筑。固化土的初凝和终凝时间分别为 6h、12h，上层浇筑作业应在下层终凝后进行，分层回填高度控制在 2 ~ 3m。为防止肥槽回填流态固化土漏浆、跑浆，影响结构施工，且由于各个区域回填存在时差，因此在回填时采用模板进行拦茬，模板架设采用钢管架作为模板背楞，对于不规则的肥槽截面采用砂袋或发泡胶进行塞缝。

（2）固化土宜采用分层进行浇筑，每层浇筑厚度不宜大于 2m，相邻片区浇筑高差不宜大于 1m。

（3）预拌流态土回填过程中，检查坑（槽）边壁上的标高控制线，保证每浇筑层基本水平进行，浇筑时应合理配量施工机械和人员。回填至顶标高处，宜人工辅助刮平。

（4）肥槽回填应连续进行，尽快完成。固化土浇筑时，遇大雨或持续小雨天气时，应对未硬化的填筑体表层进行覆盖。刚回填完毕或尚未初凝的固化土，如遭受雨淋浸泡，则应将积水及松软土除去，并补填。

（5）固化土回填至顶标高后，应拉线或用靠尺检查标高和平整度，超高处用铁锹铲平；低洼处应及时补打固化土。

预拌流态固化土浇筑如图 3.2-3 所示。

4. 固化土养护

（1）固化土浇筑完成后，应进行覆盖养护，以保证强度增长，养护期间严禁机械行人通过。

（2）在浇筑完填筑体顶层后，应立即对填筑体表面覆盖塑料薄膜或土工布保湿养护，养护时间不少于 7d。

图 3.2-3　预拌流态固化土浇筑

预拌流态固化土浇筑如图 3.2-4 所示。

图 3.2-4　预拌流态固化土养护

5. 质量控制

（1）固化剂质量检验标准

1）固化剂进场必须按批次对其品种、级别、包装或散装仓号、出厂日期等进行验收，并对其强度、凝结时间进行试验。当使用过程对固化剂质量有怀疑或固化剂出厂日期超过 3 个月时，必须再次进行强度试验，并按试验结果使用。

检查数量：同一生产厂家、同一批号且连续进场的固化剂，每 500t 为一批，当不足上述数量时，也按一批计。施工单位每批抽样不少于一次；监理单位平行检验或见证取样检测，抽检次数为施工单位抽检次数的 20%，但至少一次。

检验方法：施工单位检查产品出厂检验报告并进行强度、凝结时间试验；监理单位检查全部出厂检验报告、进场检验报告并对强度、凝结时间进行平行检验。

2）固化土拌制采用饮用水作为施工用水时，可不检验；当采用其他水源时，水质应符合国家现行标准《混凝土用水标准》JGJ 63 的规定。

检查数量：同一水源检查不应少于一次，监理单位见证试验。

检验方法：施工单位做水质分析试验，监理单位检查试验报告，见证试验。

（2）固化土质量检验标准

1）首次使用的固化土配合比应进行开盘鉴定，其原材料、强度、坍落度等应满足设计配合比的要求。同一配合比的固化检查不应少于一次。检查开盘鉴定资料和强度试验报告。

2）固化土拌合物坍落度应满足设计要求。对同一配合比的固化土，取样应符合下列规定：

①每拌 $200m^3$ 时，检测不得少于 1 次；

②每工作班拌制不足 $200m^3$ 时，检测不得少于 1 次；

③每段、每层检测不得少于 1 次。

3）固化土施工质量检验

①主控项目

固化土的强度必须满足设计要求。用于检测固化土强度的试件应在浇筑地点随机抽取。固化土施工取样采用立方体试模，尺寸为 100mm × 100mm × 100mm。

检查数量：固化土试件制取组数应符合下列规定：

a. 每次填筑取样至少留置一组标准养护试件，同条件养护试块的留置组数根据现场需要确定；

b. 同一配合比连续浇筑少于 $400m^3$ 时，应按每 $200m^3$ 制取一组试件；

c. 同一配合比连续浇筑大于 $400m^3$ 时，应按每 $400m^3$ 制取一组试件。

检查方法：检查施工记录及强度试验报告。

②一般项目

a. 回填前将槽内的杂物、积水清除。

检查数量：全数检查。

检验方法：现场观察。

b. 固化土浇筑完毕后应及时进行养护，养护时间以及养护方法应符合：

（a）固化土搅拌至浇筑完成时间不应超过 3h；

（b）浇筑完成后应立即进行覆盖养护，防止水分流失，其间严禁机械行人通过；

（c）在浇筑完填筑体顶层后，应立即对填筑体表面覆盖塑料薄膜或土工布保湿养护。养护时间不少于 7d。

检查数量：全数检查。

检验方法：现场观察。

c. 填筑最上一层完成后，应检查标高。允许误差 ±20mm。

检查数量：每 $100m^3$ 检查 3 点或 10m 检查 1 点。

检验方法：采用水准仪测标高。

（3）质量控制措施

1）回填前基槽必须经过清理，清除垃圾、积水等。

2）基槽回填施工时，按要求留置试块，每层回填完成固化土终凝后，才能回填上层的固化土。并且在施工试验记录中，注明配合比、试验日期、层数（步数）、位置、试验人员签字等。

3）为避免回填时固化土对结构主体造成压力，固化土回填施工时应严格执行留槎规定，固化土达到终凝后方可进行下一步施工。上下层的固化土接槎距离不小于1000mm，接槎的槎子应垂直切齐。

4）夜间施工，加强照明，防止超厚。

5）加强施工过程控制，雨期施工的工作面不宜过大，应有计划地逐段、逐片地分期完成拌合、运输、回填等工序，应连续进行，并随时掌握气象的变化情况。

6）固化土搅拌至浇筑完成时间不应超过 3h。

7）浇筑完成后，应立即进行覆盖养护，防止水分流失，其间严禁机械行人通过。

8）在浇筑完填筑体顶层后，应立即对填筑体表面覆盖塑料薄膜或土工布保湿养护。养护时间不少于 7d。

3.2.5 工程应用

1. 工程概况

海淀区西北旺镇 X2 地块集体产业用地项目位于北京市海淀区西北旺镇，西北旺宏丰渠东路东侧，项目周边较为空旷，主要为农业用地、在建工程及未入住住宅场地四周为道路。项目地理位置见图 3.2-5。

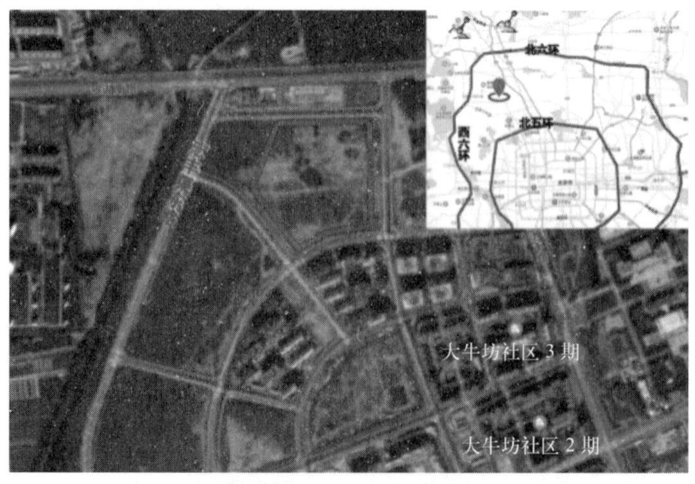

图 3.2-5　项目地理位置图

本项目地下室外墙与支护桩之间的肥槽内采用预拌流态固化土进行回填，回填区域如图 3.2-6 所示。

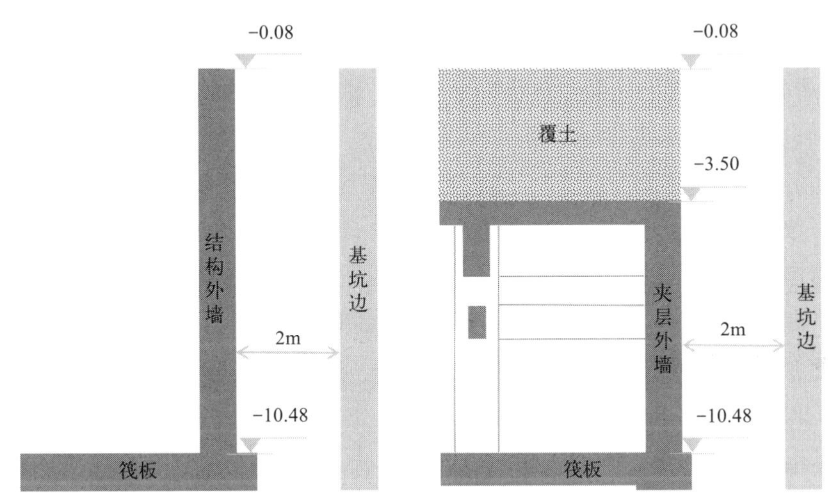

图 3.2-6　回填区域示意图

2. 应用效果

流态固化土回填基槽可以解决采用灰土回填时存在的对土的要求高、作业面较小夯实难度大、夯实质量不稳定、与基础结构界面结合不好、干法施工无法保证遇水后发生沉陷等问题，其在基槽回填的效果可以达到素混凝土的效果。其造价远低于采用混凝土回填（比素混凝土每立方节约 30% 造价），如现场条件允许可直接进行浇筑，节省运输和泵送费，经济效益更显著。

流态固化土具有自密实的特点，施工时不用采用大型夯实和碾压设备，减少了施工对结构层的影响和破坏。同时固化土采用机械预拌、集中搅拌、现场浇筑的施工方法，固化土搅拌均匀、质量稳定，现场浇筑受现场条件及施工人员因素影响较小。利用固化剂对土颗粒进行填充固结等机理，因此固化土具有抗渗性。同时该技术施工时采用集中搅拌，流态浇筑时不会产生扬尘污染，施工过程绿色环保。

3.3　闹市区狭小空间临地铁逆作法施工关键技术

3.3.1　技术概况

随着城市化水平快速提高，我国一线及新一线城市可用建设用地逐步减少，城市更新类项目日益增多。城市更新项目建设环境通常较为复杂，尤其是地下室结构的设计与施工必须综合考虑地铁线路、市政管线等既有建、构筑物的影响及制约。针对该类处于复杂环境条件下的地下结构开展其特殊施工技术研究，能够有效提高城市更新项目类复杂环境建筑方面的建造能力。

施工场地位于闹市区，为有效覆盖材料转运区域，需选择动臂式塔式起重机。

闹市区狭小空间临地铁逆作法施工关键技术适用于邻近建筑物及周围环境对沉降变形敏感、周边施工场地狭窄、地下室层数多、结构复杂、工期紧迫的建筑物的施工。

3.3.2 技术特点

（1）缩短工期、节约成本。地下室采用局部逆作法利用地下室的梁、板、柱结构取代内支撑体系，地下室梁板结构随着基坑开挖逐层浇筑，直到地下室底板封底，有效节约了工期，同时节省了支撑材料，降低了成本。

（2）信息化模拟、监测。利用 BIM 技术建立部分复杂节点三维模型及施工过程模拟，如：塔式起重机基础模型及逆作区施工过程模拟，有效指导施工方案优化及施工过程，为施工技术难点的攻克提供支持。通过应用三维激光扫描技术和自动化监测技术，有效提高基坑及地铁变形监测水平，为基坑安全提供保证。

（3）狭小场地合理布置。施工场地位于闹市区，四周有建筑物或市政公路，场地狭小，交通运输复杂；底板结构较为复杂，塔式起重机基础设置需综合考虑底板标高变化、集水井等构件及工程桩承台等因素；为有效覆盖材料转运区域，需选择动臂式塔式起重机。

3.3.3 工艺流程

闹市区狭小空间临地铁逆作法施工工艺流程见图 3.3-1。

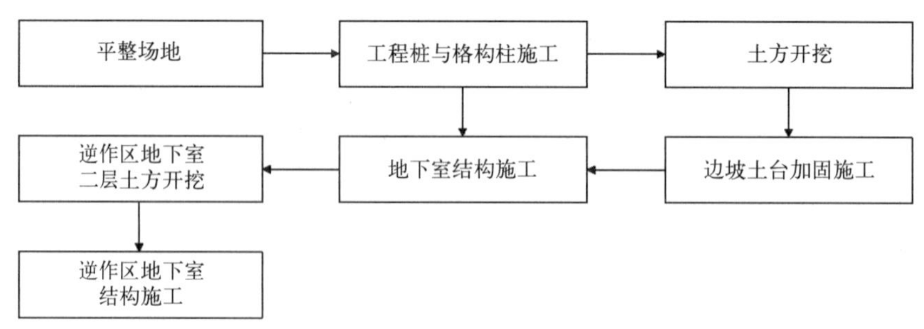

图 3.3-1　闹市区狭小空间临地铁逆作法施工工艺流程图

3.3.4 技术要点

1. 工程桩与格构柱施工

场地平整后进行工程桩施工，逆作区在下放钢筋笼后放置钢立柱并控制立柱垂直度可浇筑混凝土，如图 3.3-2 所示。

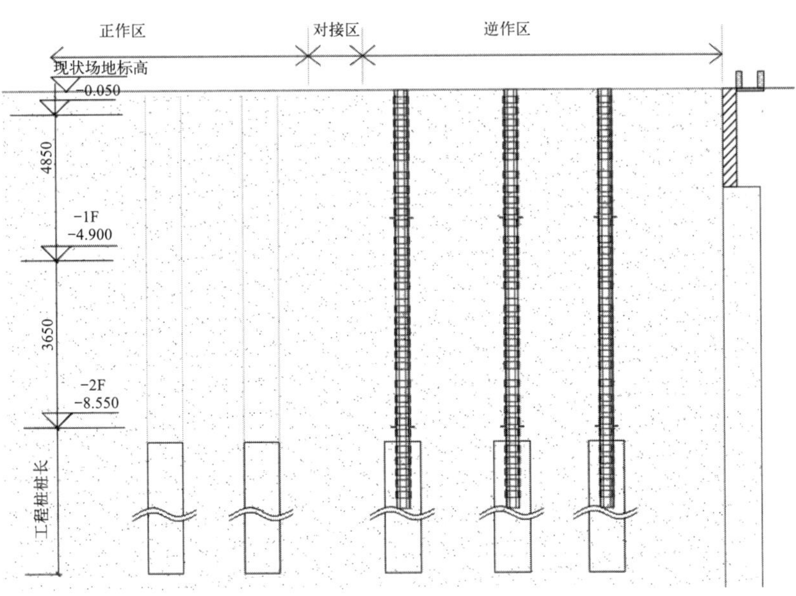

图 3.3-2　工程桩格构柱施工示意图

2. 土方开挖

第一阶段：该阶段待基坑第一道内支撑及西北侧封板结构施工完成后，基坑内土方整体开挖至 -4.0m 位置，该阶段基坑西北角留设 4m 宽基坑坡道用于土方外运临时道路，如图 3.3-3 所示。

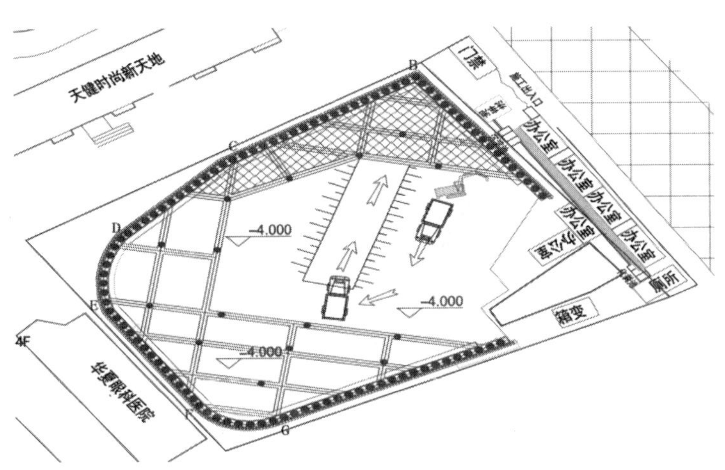

图 3.3-3　土方开挖第一阶段示意图

第二阶段：正作法施工区域土方挖至 -9.25m 位置，逆作法施工区域土方挖至 -5.0m 位置，并放坡至坡底，如图 3.3-4 所示。

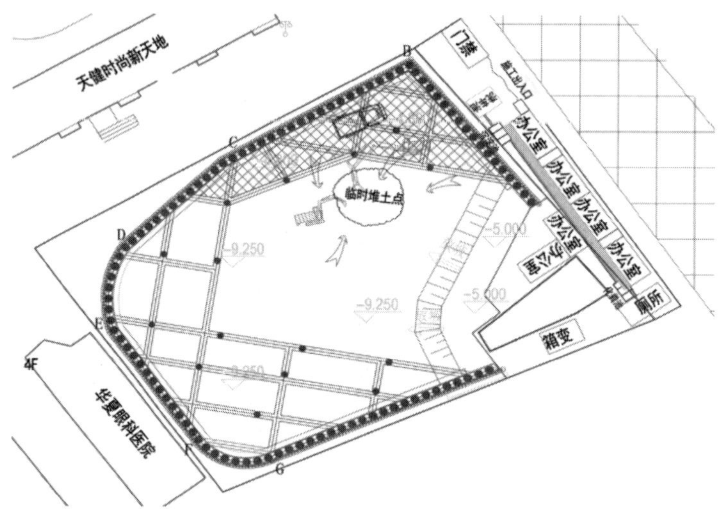

图 3.3-4　土方开挖第二阶段示意图

3. 地下室结构施工

(1) 正作底板施工

逆作区域切割钢立柱至预定标高，正作区域进行地下室底板施工。正作区底板施工见图 3.3-5。

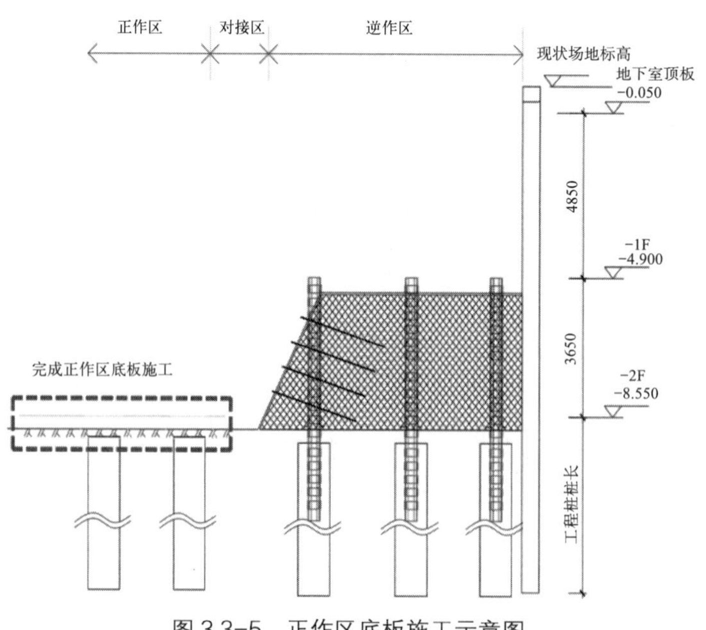

图 3.3-5　正作区底板施工示意图

(2) 正作负一层楼板、逆作负一层楼板施工

正作区负一层施工见图 3.3-6。

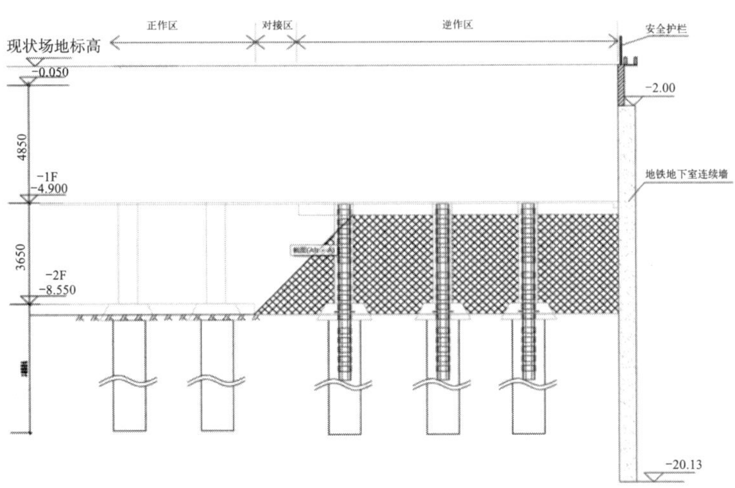

图 3.3-6　正作区负一层施工示意图

（3）正作区顶板施工

正作区顶板施工完成，如图 3.3-7 所示。

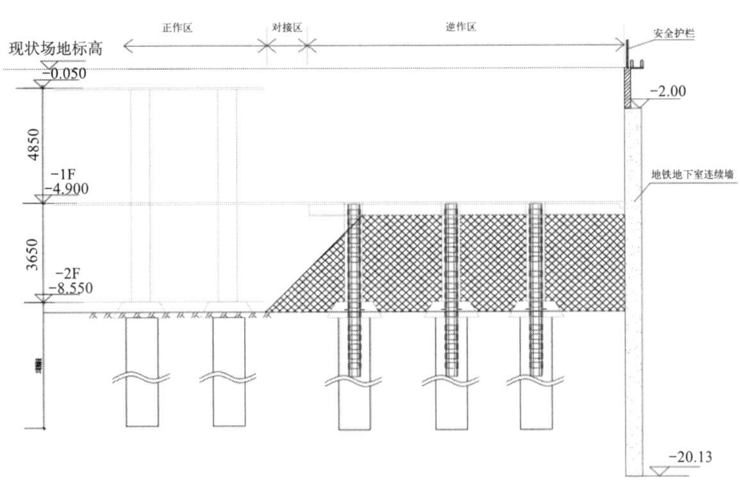

图 3.3-7　正作区顶板施工示意图

4. 逆作区地下室二层土方开挖

预留出口，通过预留口可将小型挖掘机放入 B2 层，将逆作区 B2 层土体送至预留洞口底部，由地下室顶板处的伸缩臂挖机将土体挖出送至运土车，再由运土车转运至其他地方，如图 3.3-8 所示。

5. 逆作区地下室结构施工

（1）逆作区 B2 层施工

逆作区 B2 层施工如图 3.3-9 所示。

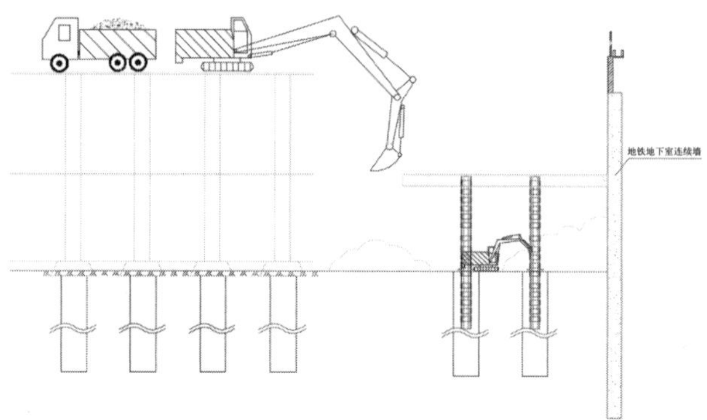

图 3.3-8　土方开挖出土施工示意图

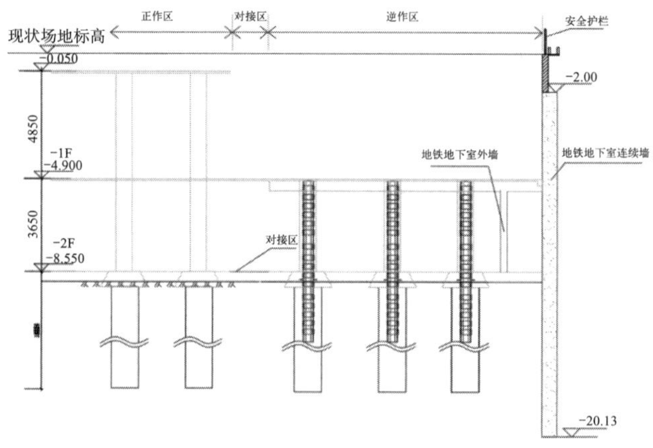

图 3.3-9　地下室结构 B2 层施工示意图

（2）逆作区 B1 层施工

逆作区土方开挖施工完毕后，进行逆作区 B2 基础与底板施工，最后施工逆作区地下室一层柱与顶板，如图 3.3-10 所示。

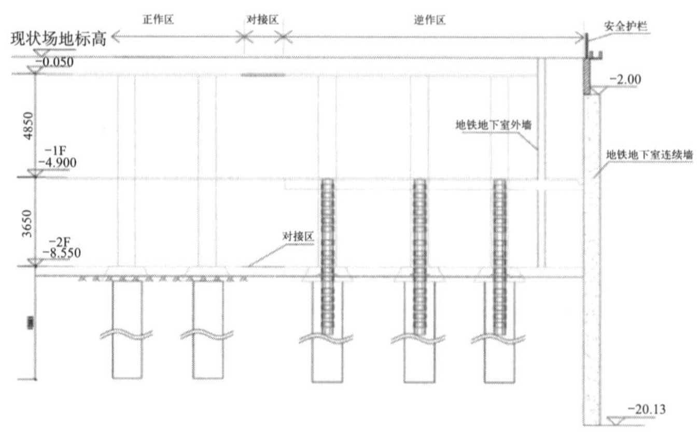

图 3.3-10　地下室结构 B1 层施工示意图

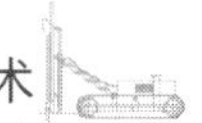

6. 质量控制

（1）在土方开挖至基坑底时，应注意对坑底的清理且测量员应全程监测到位，严禁超挖。

（2）基坑开挖且清理完成后，应会同设计、监理、勘察、建设等单位对基坑进行检查、鉴定验槽，核对地质资料，检查地基土与工程地质勘察报告、设计图纸要求是否相符合，有无破坏原状土结构或发生较大的扰动现象。经检查合格，填写基坑槽验收、隐蔽工程记录，及时办理相关手续。

（3）开挖前要做好各级技术准备和技术交底工作。

（4）认真执行技术质量管理制度，及时收集技术资料。

（5）对施工过程实行“现场看工”质量跟踪控制，质量员对“工序质量”过程检查，做到工作质量保证工序质量。

（6）技术资料管理归档必须依照国家有关规定标准，并按企业管理标准，做到及时、齐全、正确、规范。

（7）土方开挖前，先在坡顶挖排水沟，修三级沉淀池，并始终保证外排顺畅，沟内无积水；土方开挖时基坑内采用超前集水坑将水汇聚抽出，沉淀后排至市政管道。

（8）根据基坑支护平面图，定出基坑开挖坡顶线。用水准仪和标杆确定标高，并随挖土进度严格控制好开挖的深度。

3.3.5　工程应用

1. 工程概况

福景消防站上盖保障房项目位于深圳市福田中心区，项目占地面积 2386m^2，总建筑面积 12798.02m^2，建筑高度 73.5m，地下 2 层，地上 22 层。其中 1 ～ 5 层为消防站用房，6 层及以上为保障性住房，基础采用机械旋挖灌注桩基础，建筑结构形式采用现浇结构加装配式结构，1 ～ 5 层采用现浇钢筋混凝土结构，6 层及以上采用装配式结构。

（1）基坑周边情况

本项目为新建工程，基坑东侧紧邻地铁 9 号线，地铁隧道沿景田路地下布设，用地红线距离地铁 9 号线隧道水平最近距离约 5.40m，拟建建筑物地下室东南角结构外墙距离地铁 9 号线景田站 2 号风亭结构外墙最小距离约 4m，基坑南侧为深圳市公安局交通警察支队的一栋 4 层建筑，基坑西侧紧邻深圳华厦眼科医院，基坑北侧为天键时尚新天地小区。景田站出口距高用地红线约 28m。项目周边环境如图 3.3-11 所示。

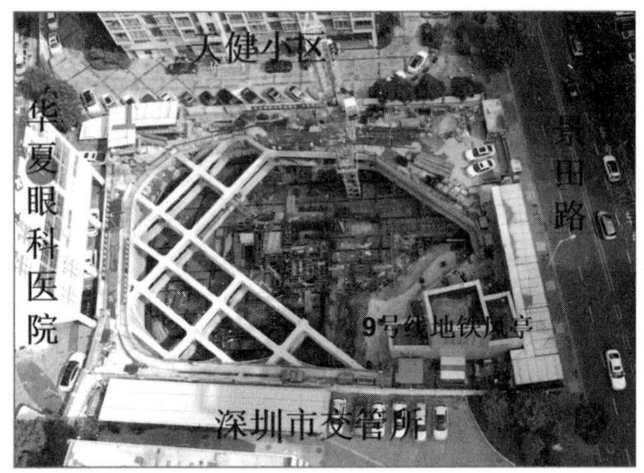

图 3.3-11　项目周边环境图

（2）基坑支护及降水方式

基坑支护形式：基坑支护采用咬合桩＋内支撑，咬合桩桩径 1.0m。为了保证基坑止水效果、保证周边建筑物、市政管线及道路安全，另设置一排双管旋喷桩与咬合桩共同形成止水帷幕，旋喷桩桩径为 0.6m，抗压强度不小于 1.5MPa。内支撑采用钢筋混凝土支撑梁＋立柱桩，立柱桩采用钢筋混凝土灌注桩内插格构柱形式。总体设置一道支撑梁，为满足基坑出土要求，局部设两道支撑梁，并设置钢筋混凝土封板。

基坑降水方式：基坑降水采用集水坑降水，在沿坡脚作一圈砖砌明沟，每隔约 30m 设置一个集水坑，合计约 8 个。防止地面雨水和施工用水流入基坑内，坑底排水沟汇水先引入坑底集水坑，再由坑底集水坑抽至坑顶沉淀池过滤后方可排入市政管道。

2. 地质水文概况

（1）工程地质

据本次勘察钻孔揭露，场地在钻探深度内的地层有：人工填土层（Q^{ml}）、第四系冲洪积层（Q^{al+pl}）、残积层（Q^{el}），下伏基岩为加里东期混合花岗岩（M/Y）。场地各岩土层物理力学性质如表 3.3-1 所示。

土层力学性质表　　表 3.3-1

岩土层		承载力特征值 (kPa)	压缩模量 (MPa)	变形模量 (MPa)	黏聚力 (kPa)	内摩擦角 (°)
层序号	名称					
①	素填土	80 ~ 100	4.0	8 ~ 10	16	13
②$_{-1}$	含有机质粉质黏土	80	3.0	3.5	10	8
②$_{-2}$	含黏性土中砂	180		25		33
②$_{-3}$	含砂黏土	160	6.0	23	25	20
③	砂质黏性土	200	6.5	25	28	20

续表

岩土层		承载力特征值（kPa）	压缩模量（MPa）	变形模量（MPa）	黏聚力（kPa）	内摩擦角（°）
层序号	名称					
④$_{-1}$	全风化混合花岗岩	300	14.0	65	35	26
④$_{-2}$	强风化混合花岗岩	500	18.0	150	45	30
④$_{-3}$	中风化混合花岗岩	2000				
④$_{-4}$	微风化混合花岗岩	4500				

（2）水文地质

地下水的补给来源主要靠大气降水的入渗和场地旁侧地下水的补给，并顺地势由高往低向场地外排泄。野外勘探期间测得地下水位埋深介于 2.20 ~ 2.70m，标高介于 17.19 ~ 18.02m。按地区经验，地下水位年变化幅度可按 2.5m 考虑。

3. 应用效果

在工程施工中，应用了闹市区狭小空间临地铁逆作法施工关键技术，解决了因施工场地狭小施工工序受限问题，大大提高了基坑施工的效率，缩短了总工期。在地下室结构施工阶段，正作区域与逆作区域 B1 层楼板连接施工完成，对地铁连续墙形成有效水平向支撑力后，逆作区域再进行土台挖除施工及后续地下室结构各工序施工，有效保障地铁风亭结构的安全。

地下室外墙与基坑围护墙采用两墙合一的形式，一方面省去了单独设立的围护墙，另一方面可在工程用地范围内最大限度扩大地下室面积，增加有效使用面积。此外，围护墙的支撑体系由地下室楼盖结构代替，省去大量支撑费用，而且楼盖结构即支撑体系，还可以解决特殊平面形状建筑或局部楼盖缺失所带来布置支撑的困难。

本技术先进，操作简单，大大提高了地下室逆作区施工效率，缩短了总工期，保证了地下室逆作区施工质量、安全、进度和经济效果，施工时减少了扬尘污染，节能环保。因其施工效果良好，得到业主、监理等各方认可，同时能够为类似项目提供示范和借鉴，有效提高城市更新开发提供助力。

3.4　液压静力裂解石方施工关键技术

3.4.1　技术概况

随着社会经济的飞速发展和市政工程建设进程的不断加快，石方的开挖效率越来越受到重视。石方开挖过程中遇到坚硬的岩石往往开挖比较困难，在城市市区采用炸药爆破，巨大的冲击波对周围高大拥挤的建筑物会造成很大的安全隐患，飞石则会危及街道上行人人身安全，粉尘则给城市居民的生活带来很大不便。采用传统炮头机械开挖不仅对机械的选择比较严格，同时需要消耗大量的资源且速度慢。采用膨胀剂静力裂解人工钻孔速度慢，扬尘也很难控制，膨胀剂反应时间需 12 ~ 24h，对施工造成较大影响。

液压静力裂解由液压泵站和分裂棒两大部分组成，由液压泵站输出的高压油驱动油缸，产生巨大推力，驱动楔块组中的中间楔块向前驶出，将反向楔块向两边撑开。液压静力裂解石方施工工艺是利用高压油为能量源对岩石进行胀裂，可在无振动、无飞石、无噪声、无污染的条件下破碎或切割岩石或混凝土构筑物，对提高施工效率、降低工程成本有很大的作用。

液压静力裂解石方施工关键技术适用于周边环境复杂、工期紧、不允许采用炸药爆破的工程。例如：居民区附近不允许采用炸药爆破的石方开挖、对扬尘控制严格处的基坑石方开挖、边坡石方开挖、隧道洞口处石方裂解、巨石大改小等工程，而且在多雨季节不利于石方开挖时也同样适用。

3.4.2 技术特点

液压静力裂解石方施工技术具有先进性、实用性、经济性、新颖性等特点，液压静力裂解比炸药爆破石方开挖更安全，比膨胀剂静力裂解石方开挖速度快。液压静力裂解石方具有节约能源、减少噪声和粉尘对环境污染、提高安全性、加快施工进度等特点。

3.4.3 工艺流程

液压静力裂解石方采用液压潜孔钻机、空压机、除尘器、液压裂解机、炮头挖掘机、挖掘机结合施工，首先利用液压潜孔钻机钻孔，潜孔钻机钻孔同时利用空压机产生气体将钻孔过程中产生的石粉吹出孔外，再由除尘器进风口进入除尘器，颗粒粉尘重力作用下落入灰斗，有效控制了扬尘，达到一次成孔的目的，提高钻孔效率；然后利用液压裂解机通过液压泵挤压活塞，推动楔片向下运动，楔片向两侧挤压开裂钢片，开裂钢片将力转到钻好的孔洞两侧，达到静力裂解的效果。液压裂解机示意如图 3.4-1 所示。

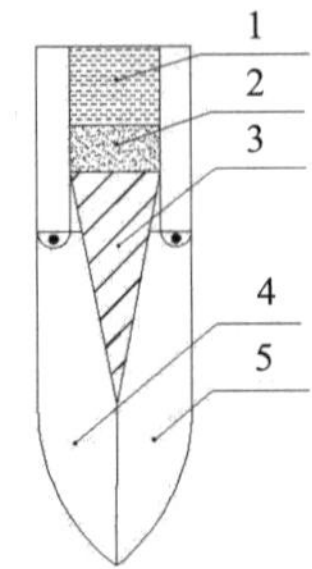

图 3.4-1　液压裂解机示意图

1—液压泵；2—活塞；3—楔片；4、5—开裂钢片

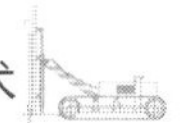

液压静力裂解石方施工工艺流程见图 3.4-2。

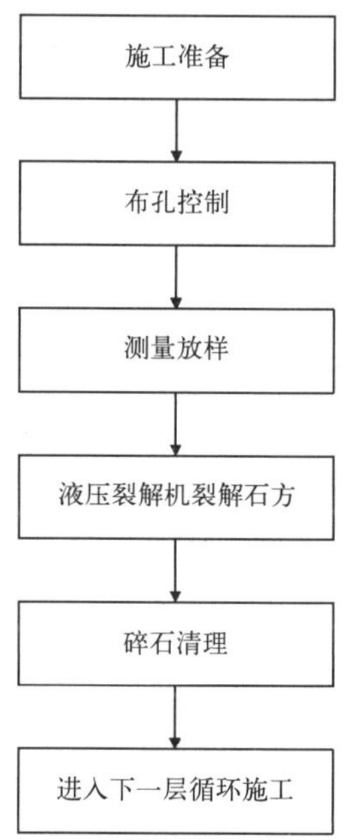

图 3.4-2　液压静力裂解石方施工工艺流程图

3.4.4　技术要点

1. 施工准备

机械进场前，对需要裂解的石块表面进行清理。将石头表面的泥土、碎石等清理干净，既能减少钻孔机械在钻孔过程中的扬尘，又能保证液压裂解机在石方中的裂解效果。

2. 布孔控制

布孔前首先要确定至少有一个以上临空面，钻孔方向应尽可能做到与临空面平行，临空面（自由面）越多，单位破石量越大，效果也更好。切割岩石时同一排钻孔应尽可能保持在一个平面上。孔距与排距的大小根据岩石的坚硬程度调整，硬度越大、混凝土强度越高时，孔距与排距越小，反之则越大。孔距与排距布置见表 3.4-1。

孔距与排距简易布置表　　表 3.4-1

岩石硬度	低硬度岩石	中硬度岩石	坚硬花岗岩
孔距（cm）	50 ~ 100	40	30
排距（cm）	80	50	40

3. 测量放样

钻孔前，对需要开挖的石方进行测量放样，并对清理好的石方进行采点，以保证准确地计算石方开挖工程量，在开挖石方结束后再进行一次测量采点，对比两次的采样从而得出准确的石方开挖量。

4. 液压潜孔钻机钻孔

使用液压潜孔钻机在布设好的孔位上进行钻孔，钻孔采用液压潜孔钻机、空压机与除尘器相结合施工。液压潜孔钻机钻孔主要分为以下三步：

（1）液压潜孔钻机就位

由液压潜孔钻机操作人员先检查液压潜孔钻机是否能正常安全工作，确认合格后将液压潜孔钻机移动到布设好的孔位处，见图 3.4-3。

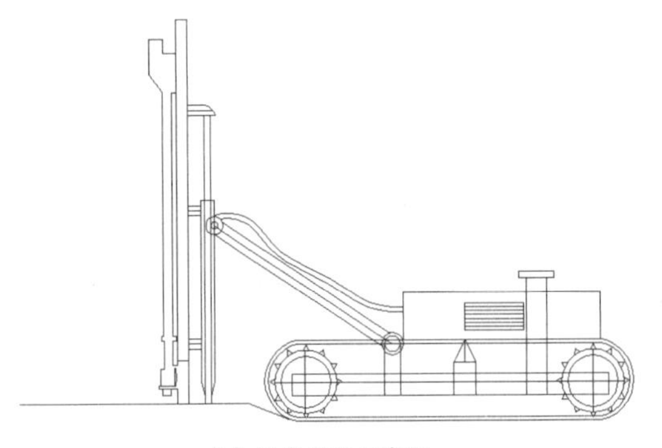

（a）钻机就位示意图　（b）钻机就位现场图

图 3.4-3　液压潜孔钻机移动就位图

（2）液压潜孔钻机钻进

液压潜孔钻机操作人员应严格地按照钻孔机的操作规程要求施工，液压潜孔钻机钻孔见图 3.4-4。

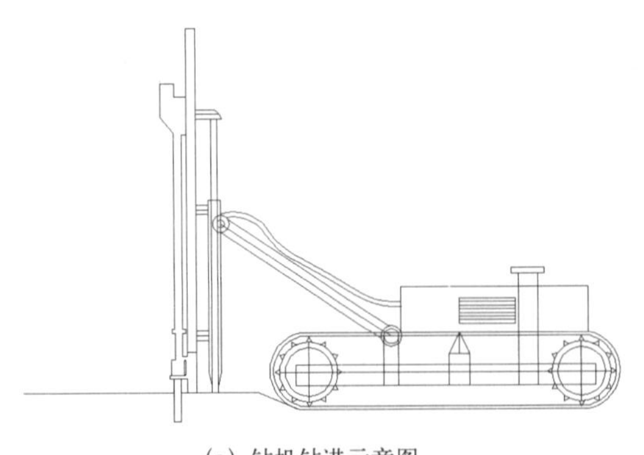

（a）钻机钻进示意图　（b）钻机钻进现场图

图 3.4-4　液压潜孔钻机钻孔图

（3）液压潜孔钻机移出

液压潜孔钻机钻孔完毕后将机械移出孔外，并将钻好的孔口堵塞，防止石粉或者杂物掉入孔内，见图 3.4-5。

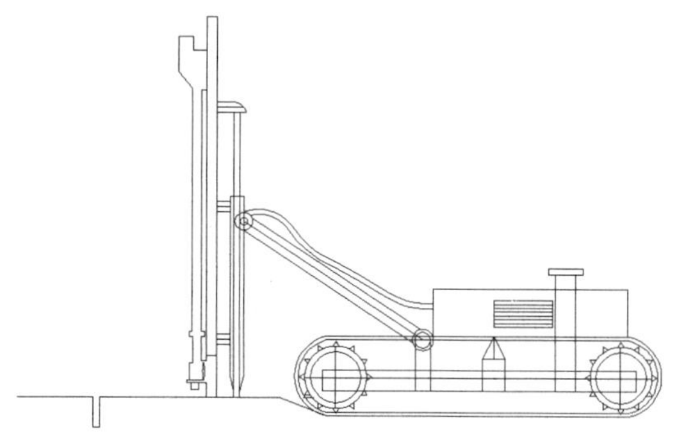

（a）钻机移出示意图　　（b）钻机移出现场图

图 3.4-5　液压潜孔钻机移出孔外图

钻孔深度根据岩石的坚硬程度适当的调整。钻孔直径与裂解效果有直接关系，钻孔过小，开裂钢片放不进去；钻孔太大，不能充分发挥开裂钢片效力。液压静力裂解布孔设计参数见表 3.4-2。

液压静力裂解布孔设计参数表　　表 3.4-2

裂解目标	孔深 L	相邻孔距 a（cm）	排距 b	孔径 d（mm）
低硬度岩石	1.0H	50 ~ 100	（0.6 ~ 0.9）a	140
中硬度岩石	1.05H	40 ~ 50	（0.6 ~ 0.9）a	140
坚硬花岗岩	1.05H	30 ~ 40	（0.6 ~ 0.9）a	140

5. 液压裂解机裂解石方

采用液压原理对石方进行静力裂解。液压静力裂解石方主要分以下三步：

（1）液压裂解机就位

石方裂解前由液压裂解机操作人员检查裂解机械是否能正常运行，确认合格后将裂解机械移动到孔位处，见图 3.4-6。

（2）液压裂解机开裂钢片伸入钻孔内

将液压裂解机开裂器开裂钢片伸入孔内，见图 3.4-7。

（3）液压裂解机开裂钢片裂解石方

如图 3.4-8 所示。

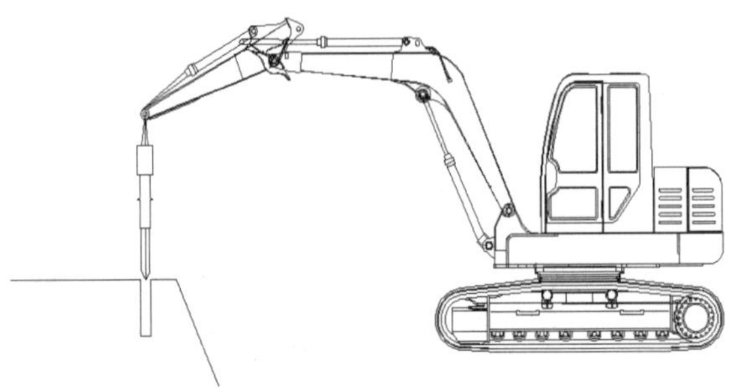

（a）裂解机就位示意图　（b）裂解机就位现场图

图 3.4-6　液压裂解机移动就位图

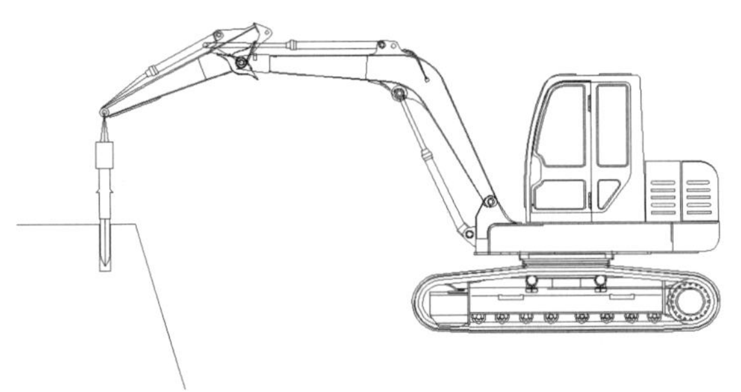

（a）开裂钢片伸入孔内示意图　（b）开裂钢片伸入孔内现场图

图 3.4-7　开裂器开裂钢片伸入孔内图

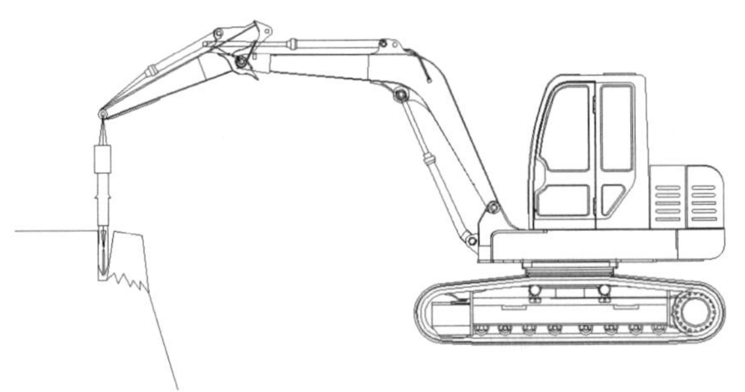

（a）裂解石方示意图　（b）裂解石方现场图

图 3.4-8　开裂器裂解石方图

6. 清理碎石

液压裂解机裂解石方后不能完全碎落的石方，需要用炮头挖掘机对裂解的石方进行处理，炮头挖机将孔洞旁裂开的石方进一步打碎，然后移开，再由挖掘机清理裂解好的碎石块，将其进行装车外运。结束后再清理场地进行下一层面的石方裂解。

7. 质量保证

（1）施工机械进场必须经过安全检查，经检查合格方能使用。施工机械操作人员必须建立机组责任制，并依照有关规定持证上岗，禁止无证人员操作。

(2) 根据调查情况，编写实施性施工方案，按方案中的设计孔位布置图进行测量放线，严格控制孔深、角度等技术参数。孔距与排距的大小与岩石硬度有直接关系，硬度越大时，孔距与排距越小，反之则越大。根据此原则结合现场试验进行孔距与排距调整。

(3) 禁止边钻孔边裂解，钻孔要一次完成，裂解要一次完成。禁止钻孔完成后立即裂解，应确认孔内无粉尘、杂物等，方可开始裂解。

(4) 液压潜孔机钻孔、液压裂解机械裂解石方控制参数可根据现场的施工条件试验测定相关的施工参数。

(5) 建立必要的技术规章制度，注意完善技术档案工作。严格执行工地现场的信息报告联络制度、工地会议制度，及时将有关资料信息归档保管。

(6) 严格技术交底，做到责任明确。

(7) 坚持“事前、事中、事后”三过程控制制度，加强工作交接和质量互检制度，加强半成品、成品检验制度，把好质量源头关，坚决杜绝不合格品的出现。

3.4.5 工程应用

1. 工程概况

长沙地铁6号线白鸽咀站位于长沙市岳麓区，站址设在桐梓坡路与金星路十字路口，沿桐梓坡路东西向敷设。本站地下1层为预留市政通道，地下2层为站厅层，地下3层为站台层。车站外包全长356.6m，标准段外包总宽23.7m，底板埋深约27. 16m。周边主要规划为商业、教育及医疗用地，建筑物密集，基坑与建筑物距离为0.8～1.5倍基坑深度。

2. 地质水文概况

(1) 工程地质

基坑地层自上而下分别为沥青路面、素填土、粉质黏土、全风化板岩、强风化板岩、中风化板岩；开挖深度12m以下时开始出现中风化板岩，青灰色，变余结构，板状构造，节理裂隙发育，岩芯呈长柱状、柱状、强度为30～60MPa，岩体质量等级为较硬岩，较破碎，开挖工程量达$4.3\times10^4m^3$。

(2) 水文地质

场地地下水环境类别划分属Ⅱ类。场地地下水按地层渗透性属弱透水土层中的地下水B（型），本场地存在着干湿交替。勘察期间钻孔中测得地下水主要为杂填层中的土层滞水和基岩裂隙水。

3. 应用效果

本工程采用了液压劈裂施工技术，解决了城市繁华地带深基坑高效开挖高强度岩石的难题。与传统裂解石方施工的费用相比，采用液压静力裂解石方施工提高了工作效率，降低了工程成本，减少了大量人工、机械台班等工程费用的支出；同时可以加快施工进度，节约施工工期。

液压静力裂解石方施工技术加快了石方开挖速度，为节约工期发挥了极大的作用；减少了噪声，降低了粉尘对大气的污染，同时保障了周围居民的正常生活及工作；通过液压静力对石方进行裂解，不会造成石头的飞溅，不会对现场操作人员及周围居民的人身安全造成威胁。通过对液压静力裂解石方施工过程中质量和安全的严格控制，得到了业主、监理等单位的肯定与赞赏，获得了良好的社会和经济效益。

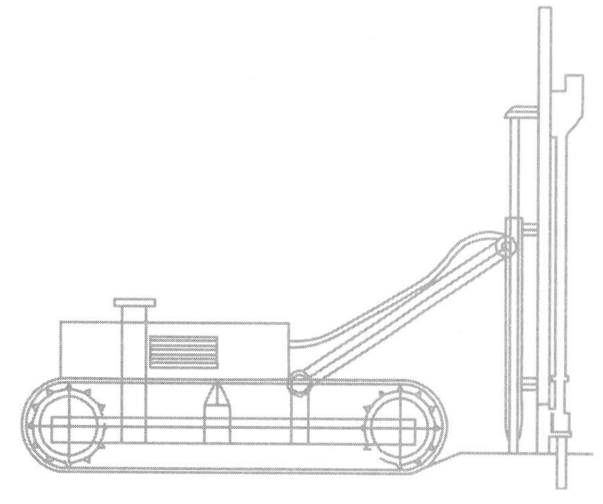

第 4 章　基坑支护关键技术

基坑支护是为保证地下结构施工及基坑周边环境的安全，对基坑侧壁及周边环境采用的支挡、加固与保护措施。现阶段我国高层建筑数量持续上升，建筑地下空间也得到了充分利用，采取可行性措施提高建筑物的稳定性，不仅是重点更是难题，对基坑支护施工技术提出了更高的要求。当前基坑支护也逐渐呈现出基坑深度深、地质环境杂以及基坑支护种类多等特点。本章从技术概况、技术特点、工艺流程、技术要点等多方面总结了新型双芯扩体桩锚基坑支护、桩土撑组合式基坑支护等 5 项基坑支护关键技术，并在工程应用中获得了良好的经济效益和社会效益。

4.1 新型双芯扩体桩锚基坑支护施工关键技术

4.1.1 技术概况

新型双芯扩体桩锚基坑支护结构主要靠竖向双芯扩体锚杆、竖向支护灌注桩、反向受压板三部分及锚杆与灌注桩之间的土体联合组成受力体系，竖向支护桩位于基坑最内侧，施工时首先施工该支护灌注桩，然后施工竖向双芯扩体锚杆，锚杆预留端头；将竖向锚杆端头采用锚具施加预应力固定于锚杆冠梁钢筋上，反压板钢筋与支护桩冠梁以及锚杆冠梁钢筋连接；整体浇筑混凝土通过支护桩顶的冠梁和反压板将支护桩和双芯扩体锚杆连接起来，形成整体的双芯扩体桩锚支护结构。新型双芯扩体桩锚基坑支护结构如图 4.1-1 所示。

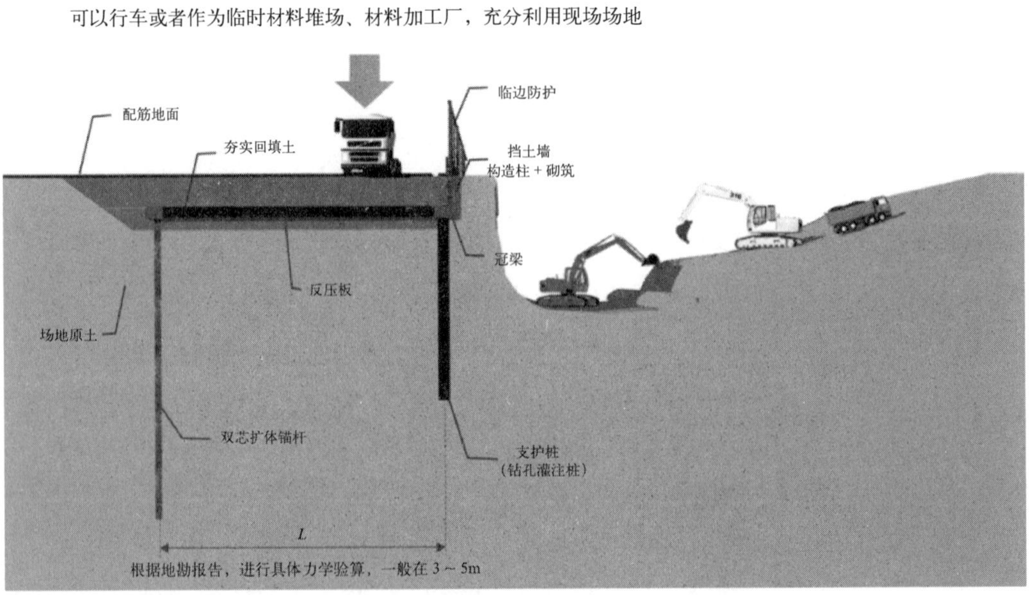

图 4.1-1　新型双芯扩体桩锚基坑支护结构图

新型双芯扩体桩锚基坑支护施工技术采用竖向双芯扩体锚杆代替传统斜向锚杆，有效克服了传统支护桩＋斜向锚杆结构锚杆施工对基坑周边管线、已有建筑结构破坏及锚杆遗留土层对后期土地开发的影响。

传统基坑支护结构施工完成，为保证基坑支护安全、稳定，一般要求基坑周边 3m 左右禁止行驶车辆及材料堆放；本项技术充分利用其独特受力结构原理，增大反压板上的压力，有助于提升基坑支护安全，可用于行车、堆放临时材料及作为材料加工场地，从而充分利用了基坑周边使用面积。

新型双芯扩体桩锚基坑支护结构经过实践验证，安全性高、施工成本较低，具有很高的推广价值，该基坑支护结构主要应用于：

（1）基坑周边环境复杂、地下综合管线多、毗邻已有建筑结构，斜向锚杆无法适用的深基坑支护工程。

（2）施工场地狭小、基坑开挖后周边可利用场地较小的深基坑支护工程。

（3）适用于一般基坑支护工程。

4.1.2　技术特点

（1）施工方便。双芯扩体桩锚基坑支护可完全实现机械化施工，大大简化了人工操作工作量。

（2）对周边环境影响极小。区别于传统的斜向锚杆施工方法，本技术锚杆施工方向为竖向，几乎不会对周边建筑及道路等造成影响。

（3）基坑安全系数更高。本技术可根据基坑深度调整锚杆施工深度，配合支护桩使用，可有效提高基坑安全系数，且适用于一级基坑。

（4）可增大基坑周边的场地利用率。本技术竖向锚杆与支护桩通过反压板连接，在支护桩冠梁顶设置挡土墙，土方回填后可直接施工配筋路面，可行驶轻型车辆或作为小型材料堆场。

（5）可有效实现降本增效。本桩锚施工方法与传统的双排桩及内支撑支护方法相比，施工效率更高且可有效的节约材料、人力，降本增效显著。

4.1.3　工艺流程

新型双芯扩体桩锚基坑支护施工工艺流程见图 4.1-2。

新型双芯扩体桩锚基坑支护现场施工关键工序见图 4.1-3。

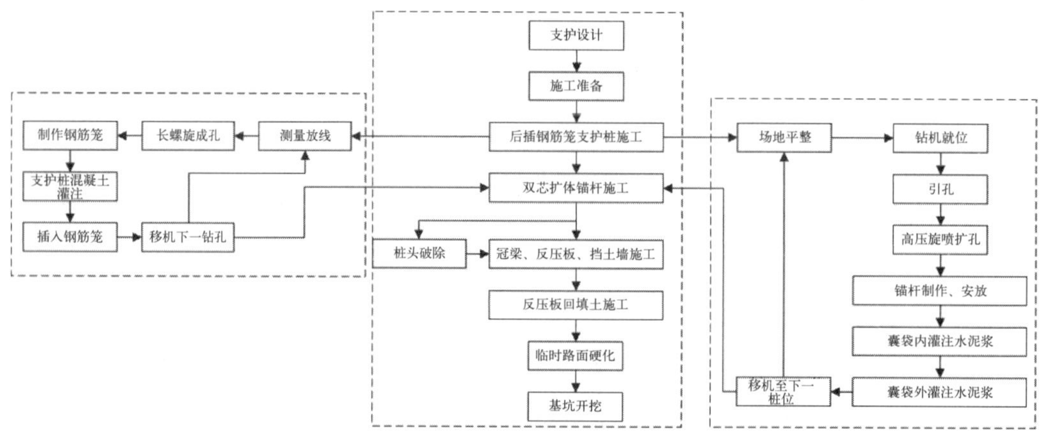

图 4.1-2　新型双芯扩体桩锚基坑支护施工工艺流程图

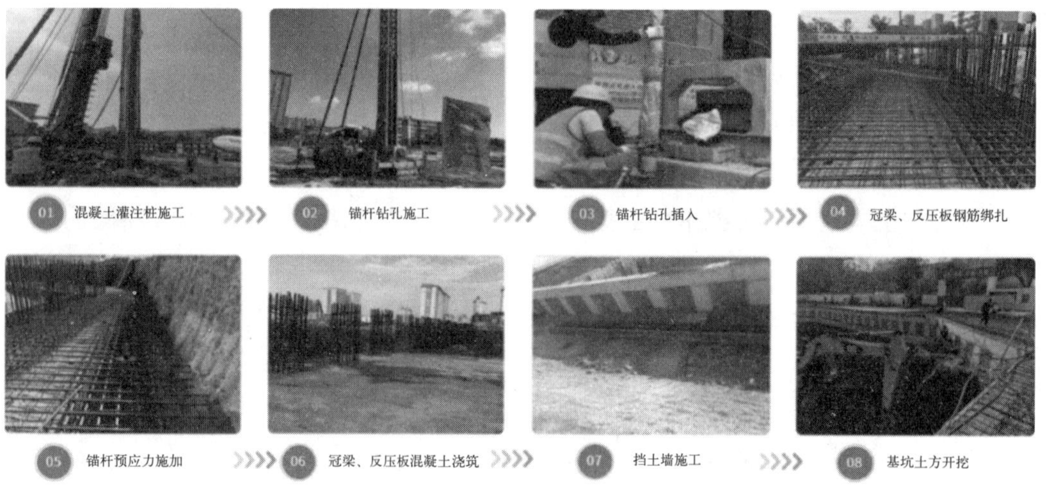

图 4.1-3　新型双芯扩体桩锚基坑支护现场施工关键工序图

4.1.4　技术要点

1. 施工准备

(1) 技术准备

1) 熟读施工图纸，对基础的位置、基底标高、基坑支护等充分了解。

2) 熟悉施工现场场地周围环境，布设施工测量控制网，对施工测量控制网的平面各控制点和标高点进行校测和复核。

3) 对地下障碍物进行调查：需要建设单位提供场区及周边环境资料，并进行现场实地调查、走访了解原有排水管道走向，并进行必要的维护、封堵、疏通，确保不会有排水管道排入基坑，确保拟使用的管道畅通、不渗漏。

4) 工程施工前建立安全、质量管理体系，明确负责人员及责任范围，并将有关规章制度进行落实。

5）对土方开挖及基坑支护施工的各项要求进行书面交底。

6）专业技术人员组织专业测量人员进行现场定位、测量放线，并请规划测量部门、监理对项目部的定位、测量放线成果进行复验。

7）将合格的定位、测量放线记录报监理审批，经监理单位认可后组织土方开挖。

8）按照施工定位图纸和施工平面图进行工程定位，按照基坑支护图纸中的坐标点撒出基槽的开挖上下口线；高程控制点和标高控制点要及时进行保护，以防止破坏。

（2）现场准备

1）现有场地进行土方调运，按照总体部署挖除不能利用的道路，回填需要使用处的基坑，确保桩机操作工作面，确保后期施工场内整洁。在满足生产需要和安全文明工地建设的前提下，减少场内倒土。

2）对原有建筑、路面、井道等整体性挖除，以平均低点为准平整场地，在保证排水的前提下适当降低场内标高。

3）场区周围及场内围挡符合规范要求，安全警示标志设置到位。现场显著位置设置危险性较大分部分项工程公告牌，工程完成验收后设置验收公示标志牌。

4）现场临电布置根据建设单位提供变压器位置和施工平面布置图铺设。

5）场区内雨水排水管道敷设、钢筋加工、搅拌机械场地完成。

6）工人生活区、办公区、宿舍、食堂、卫生间、洗浴间完成。

7）扬尘监控设备，扬尘喷淋设施、设备，工人实名制打卡设备，材料进场计量设备，视频监控设备，噪声监控设备，垃圾存储清运设施，车辆出入自动冲洗设备等完成。

8）场区消防设备设施布置完成。场区裸土覆盖、绿化完成。

2. 后插钢筋笼支护灌注桩施工

（1）测量放线

场地平整、放线定位（测设桩位轴线、定位点）。

（2）长螺旋成孔

1）钻机就位：钻机就位对准桩位点后必须调平，确保成孔的垂直度，结合场地实际情况铺设枕木或钢板，使钻机支撑稳定。在钻杆上设置标尺，以便控制和记录孔深。

2）钻孔：开钻时，钻头对准桩位点后，启动钻机下钻，下钻速度要平稳，严防钻进中钻机倾斜错位。如出现异常情况，应立即停钻，查明原因，采取相应措施后方可继续作业。钻进中，当发现不良地质情况或地下障碍物，应立即停钻，并通知建设单位与设计单位确定处理方法、修改工艺参数或重改桩位、桩长等。

3）孔深检查：检测桩口标高、确定钻孔深度。

（3）制作钢筋笼

钢筋笼主筋与加劲箍筋必须焊接，钢筋笼底部应有加强构造，保证振动力有效传递至钢筋笼底部（下端500mm处主筋宜向桩轴心线弯曲，加固焊接形成一个圆锥形桩头）。

（4）支护桩混凝土灌注

钻机钻至设计孔底标高后混凝土泵开始压灌混凝土，然后边压灌边提钻，始终保持泵入孔中混凝土量大于钻杆上提混凝土量。

（5）插入钢筋笼

将导入钢管在地面水平穿入钢筋笼内，利用吊车将钢筋笼竖直吊起，安放时对准孔口，保持垂直、居中。插入钢筋笼时，先扶稳旋转依靠自重和人工下入孔中，当依靠自重不能继续插入时，开启振动锤击振导入钢管，使钢筋笼下沉至设计深度，断开振动锤与导入钢管的连接，缓慢连续拔出钢管。

（6）移机至下一钻孔

重复前述步骤继续施工下一根灌注桩。

3. 双芯扩体锚杆施工

（1）场地平整

清理场地内的障碍物和软弱地基土，然后按设计要求的锚杆孔位测设锚杆的平面位置，用木桩或钢筋作为标记并编号。锚杆孔位置允许偏差±100mm。锚杆定位后向监理及业主申请复验。

（2）钻机就位

根据锚杆孔位移机就位，保证施钻过程中钻机不会有较大的晃动而影响成孔质量。垂直度偏差1%。将钻头对准所要施工的锚杆孔位。孔位必须得到管理人员签名后方可开钻。

（3）引孔

用清水进行引孔（孔径180mm），然后用水泥混合浆引孔，引孔至扩体段后开启高压喷射进行扩径。

（4）高压旋喷扩孔

1）启动高压泥浆泵为旋喷钻机供应高压水泥浆，并查看钻头喷射情况。当钻头喷射稳定且钻杆转动平稳后下旋钻进成孔至设计深度，当钻进至设计深度后停止向下钻进，但保持钻杆转动和高压喷射。

2）扩径段直径为800mm，深度为4000mm，扩径采用素水泥浆，水泥强度不低于42.5的普通硅酸盐水泥；水泥浆水灰比1.0，扩孔喷射压力25～30MPa，喷射时喷管匀速旋转，匀速上下扩孔。

3）当钻孔深度达到设计要求后，增大喷射压力至30MPa，以20cm/min的提升速度及15r/min的转速进行高压喷射扩孔。

4）采用测量孔外钻杆长度来推算扩孔长度，当扩孔长度达到设计要求后，为了

确保扩体段直径满足设计要求，对扩孔段进行复喷，且喷射泥浆采用水泥浆。

（5）锚杆制作、安放

1）在施工现场选取平整好的场地将精轧螺纹钢及囊体安装。

2）在平整硬化好的场地上用 ϕ36 的 PSB930 级精轧螺纹钢，穿过扩体锚杆囊袋的预留孔，在囊袋底端安装连接装置。

3）采用人工将现场已组装好的扩体锚杆及时迅速地安放到锚孔中。

（6）囊袋内灌注水泥浆

1）采用二级搅拌制配水泥浆，水灰比 0.5；并在水泥浆转移过程中采用过滤网对其进行过滤，以防发生管路堵塞。

2）待扩体锚杆下放到锚孔的设计深度后，由泥浆泵将制配好的水泥浆压入扩体囊，在孔底旋喷扩体段形成形状规则的水泥结石体，强度高且性能稳定。

（7）囊袋外灌注水泥浆

1）将注浆管与锚头断开连接（锚头注浆口带丝扣），对囊袋外进行注浆，待孔内冒出的浆液为均匀的水泥浆时停止注浆并缓慢将注浆管提升至孔外。

2）注浆管提出后随即对注浆系统进行清洗。

（8）锚杆张拉

按设计和工艺要求安装好预应力锚具，并保证各段平直，空隙要紧贴密实。

锚杆张拉前至少先施加一级荷载（即 1/10 的锚拉力），使各部紧固伏贴和杆体完全平直，保证张拉数据准确。

锚固体与台座混凝土强度均达到设计强度的 80% 时（或注浆后至少有 7d 养护时间），方可进行张拉。锚杆张拉至设计荷载的 1.1 ~ 1.15 倍后，土质若为砂土则保持 10min，若为黏性土则保持 15min，然后卸荷至锁定荷载进行锁定作业。锚杆锁定工作，应采用符合技术要求的锚具，张拉至设计荷载的 1.1 ~ 1.15 倍后再按设计要求锁定。

（9）移机至下一桩位

重复前述步骤继续施工下一根双芯扩体锚杆。

双芯扩体桩锚剖面如图 4.1-4 所示。

4. 冠梁、反压板、挡土墙施工

（1）凿桩头及清土

1）凿除桩顶浮浆及多余桩身混凝土，并剔除桩主筋上残余混凝土，保证主筋伸入冠梁的长度满足设计要求，如不能满足要求，可焊接同规格、强度等级的钢筋。采用搭接焊时，焊接长度单面焊不小于 10d，双面焊不小于 5d（d 为钢筋直径）。

2）人工清理梁下地表和坑壁表面，做到平整、无虚土。

（2）钢筋安装

1）根据设计要求绑扎支护桩冠梁钢筋。

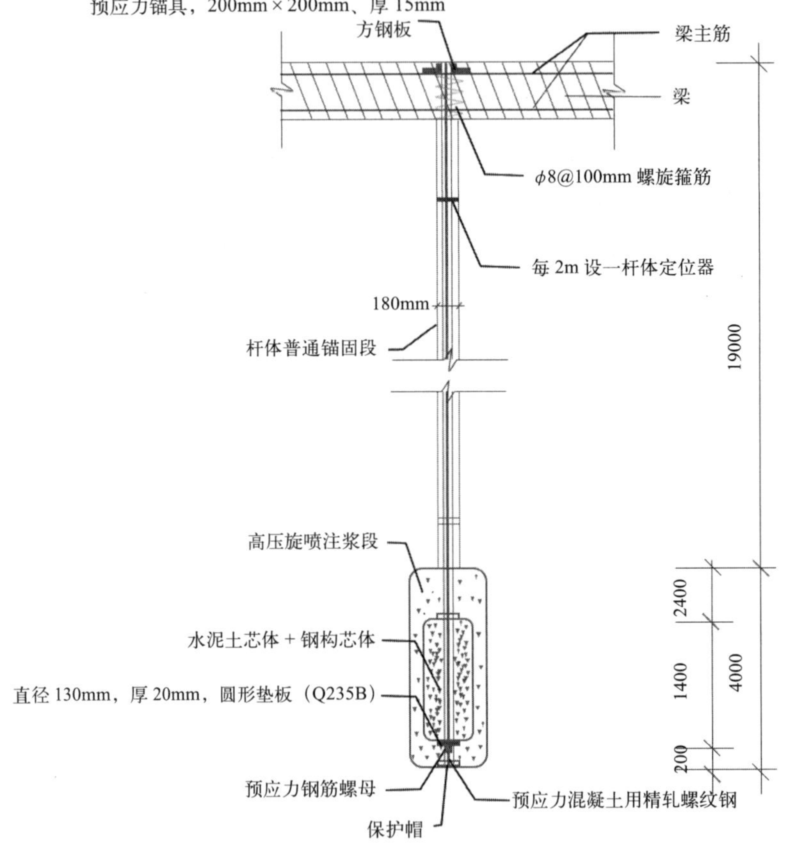

图 4.1-4　双芯扩体桩锚剖面图

2）根据设计要求绑扎预应力锚杆冠梁钢筋。

3）冠梁钢筋绑扎完成后插入挡墙钢筋，同时绑扎反压板上铁和下铁。

4）待所有钢筋绑扎完成后开始连接锚杆，将 200mm × 200mm × 15mm 厚钢板及锚具将锚杆与冠梁进行连接，同时对锚杆产生预应力作用。

（3）安装侧模

1）模板的接缝不应漏浆，模板内不应有积水。

2）模板与混凝土的接触面应清理并涂刷隔离剂，不能采用影响结构性能的隔离剂。

（4）混凝土浇筑

1）采用商品混凝土，灌注前检查混凝土的坍落度，满足技术要求方可灌注。

2）混凝土运输、浇筑、间歇的累计时间不应超过混凝土的初凝时间，冠梁混凝土应连续浇筑，一次完成。如需多次浇筑，浇筑前应对交接缝进行处理，交接面应凿毛、清理干净并用水润湿。

（5）混凝土养护

1）混凝土浇筑完毕后 12h 以内对混凝土加以覆盖并保湿养护。

2）混凝土浇水养护的时间：对采用普通硅酸盐水泥或矿渣硅酸盐水泥拌制的混凝土，不得少于 7d；对采用缓凝型外加剂的混凝土不得少于 14d。

3）浇水次数应能保持混凝土处于湿润状态。

（6）拆模

模板拆除时的混凝土强度应能保证冠梁表面和棱角不受损伤。

冠梁、反压板、挡土墙成形构造如图 4.1-5 所示。

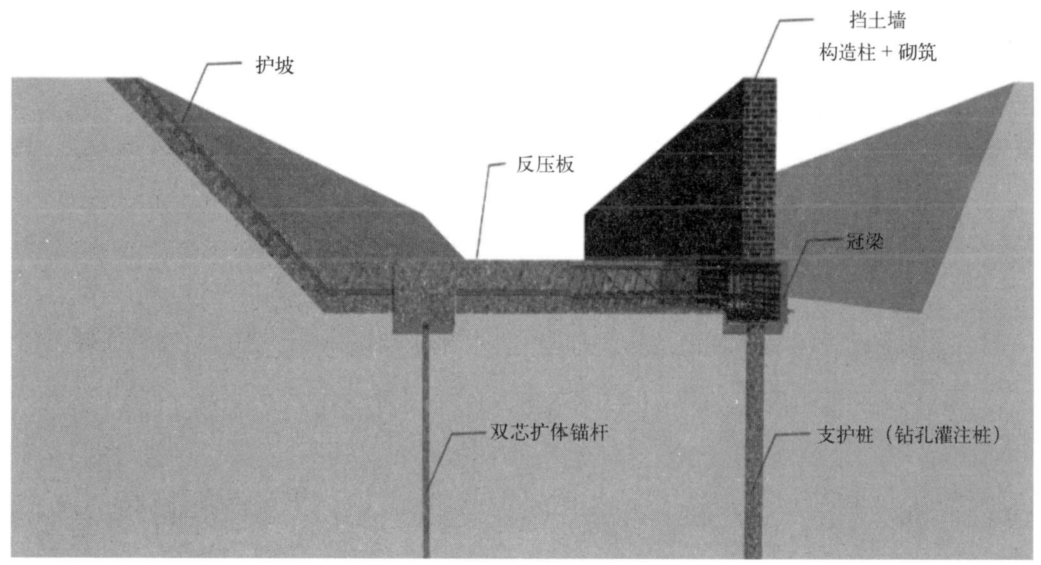

图 4.1-5　冠梁、反压板、挡土墙成形构造图

5. 反压板回填土及配筋路面施工

在反压板施工完成后需在反压板上部进行回填土施工，利用土压力使整个支护结构更加紧密地结合在一起对基坑外侧土压力进行抵消，最终起到支护的效果。为保证施工效果，回填土以“机械回填为主、人工回填为辅”，大面积回填以机械回填为主，局部机械不具备作业空间的区域采取人工回填。填土应由下而上分层铺填，每层虚铺厚度不宜大于 30cm。填土程序宜采用纵向铺填顺序，从挖土区至填土区，以 40 ~ 60m 距离为宜。填土每层铺土厚度和压实遍数视土的性质、设计要求的压实系数和压（夯）实机具性能而定，一般应进行现场碾（夯）压试验确定。回填土完成后开始浇筑顶部配筋路面，路面厚度及配筋按实际需要，配筋路面钢筋与挡墙圈梁钢筋连接。

反压板回填土及配筋路面完成如图 4.1-6 所示。

6. 质量保证

（1）结合图纸及现场实际做好图纸深化设计工作。

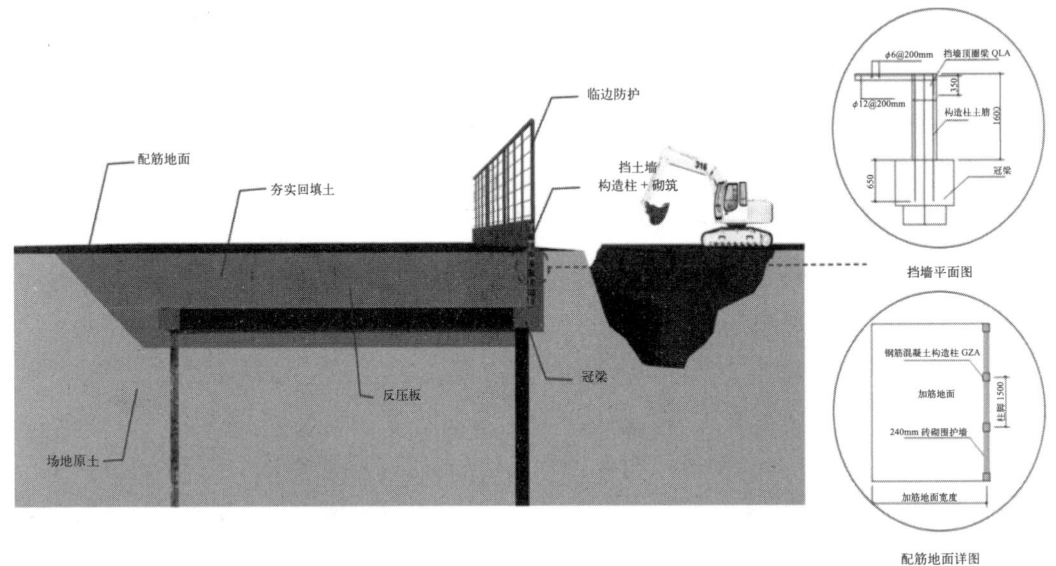

图 4.1-6　反压板回填土及配筋路面完成效果图

（2）建立健全项目部各级及专业分包技术、质量保证体系，明确各级质量责任制。

（3）施工前认真做好方案、技术交底，严格执行施工及验收规范。

（4）测量放线必须准确，符合规范要求，使用的仪器必须经过检测，确保桩位施工准确。

（5）严格执行各项质量检验制度。

（6）材料进场严格执行原材料检验制度。

（7）检查完毕后，及时召开质量问题分析会，对存在的问题及时改正。

（8）锚杆灌浆时，要在孔口出浆后方可将灌浆管往外拔出，并确保孔内水泥浆饱满。

（9）加强注浆设备的维修保养，专人负责，每次注浆完毕后，必须全部清洗检修一次，确保设备完好，保证施工顺利进行。

（10）严格按设计的水泥浆配合比制备水泥浆，不能存在小团粒，且必须用筛网过滤以防堵塞浆泵。

（11）锚杆制作好后应由质检员及监理、甲方人员验收后方可下入锚孔内。

（12）锚杆的制作严格按照施工图的有关直径、长度的要求进行，定位器的绑扎位置准确。

4.1.5　工程应用

1. 工程概况

泰华城项目深基坑工程三面环市政道路、北面为拆迁后空地。工程设计基坑大致呈矩形状，南北宽约 95m，东西长约 277m，周长约 950m，面积约 28000m^2。东侧距离康复街较近，其余三面施工场地较宽阔，距离市政管线较远。场地自然地坪高程 19.30m，基坑深度 9.0 ~ 9.5m。施工现场为原衡水市工业学校和财贸学校拆迁遗址，拆除原有建筑时遗留大小、形状不一的基坑和部分建筑垃圾、高低相差约 2m 左右。基坑南侧、西侧、北侧均有建筑物，基坑东侧为 10kV 高压线。项目位置如图 4.1-7 所示。

图 4.1-7　项目位置图

（1）基坑周边情况

项目基坑周边情况见表 4.1-1。

基坑周边情况表　　表 4.1-1

序号	方向	距红线距离	距红线外道路	距周边建筑或其他
1	东侧	6 ~ 13m	距康复街 13 ~ 20m	距 10kV 高压线缆最近约 10.0m
2	南侧	最近约 1.0m	距人民西路最近 20m 以上	距 2 层库房最近约 3.5m，距信用社 5 层住宅楼最近 16.0m，距信用社楼最近 16.0m，距财贸学校 6 层住宅楼 26.0m
3	西侧	20m 以上	距育才南大街路最近 20m 以上	紧邻项目拟建 18 号楼公寓和商业楼，距临时围挡最近距离 5.5m，距换热站不拆部分 11.0m
4	北侧	20m 以上	无道路	项目拟建 5 号楼、11 ~ 13 号楼，该 4 栋楼不在本次支护范围，其中拟建 11 号、12 号北侧有 1 栋待拆 4 层住宅楼

（2）基坑支护及降水方式

基坑支护形式：压力型扩体桩锚加强型双排支护桩结构挡土，竖向扩体桩锚与钢筋混凝土灌注桩之间由冠梁和反压板连接。

基坑降水采用止水帷幕隔断孔隙水丰水层，基坑内井管井点减压降水方式。降水井 JJ1，无砂混凝土管井，井数 123 口，井径 700mm，井深 17.0m；观测井 JC1，无砂混凝土管井，井数 25 口，井径 700mm，井深 12.0m。

基坑开挖深度最大 9.5m，且本基坑开挖前需进行降水。基坑安全等级为一级，侧壁重要性系数 γ_0=1.10。

2. 地质水文概况

（1）工程地质

场地地层特征描述见表 4.1-2。

地层特征描述表　　　　表 4.1-2

层号	层名	范围值（m）		岩性描述	
		层厚	层底埋深	颜色	状态
①	杂填土	0.5 ~ 2.5	0.5 ~ 2.5	杂色	松散
②	粉土	0.4 ~ 3.0	2.6 ~ 3.7	褐黄色	密实
③	黏土	1.8 ~ 3.2	5.3 ~ 6.8	黄褐色	可塑
④	粉土	2.8 ~ 5.1	8.6 ~ 10.9	褐黄色	密实
⑤$_{-1}$	粉土	0.6 ~ 2.8	13.1 ~ 14.9	褐黄色	密实
⑤	黏土	1.7 ~ 6.3	11.4 ~ 16.1	黄褐色	可塑
⑥	黏土	3.9 ~ 7.7	19.8 ~ 22.3	黄褐色	可塑
⑦	粉土	2.7 ~ 5.9	24.6 ~ 26.3	浅黄色	密实
⑧	粉质黏土	4.4 ~ 6.0	29.8 ~ 30.8	黄褐色	可塑
⑨	粉砂	12.4 ~ 14.4	43.1 ~ 44.2	黄褐色	密实

（2）水文地质

场地浅层地下水为孔隙潜水，含水层以粉土、粉砂为主，地下水动态（水位、水质、水温）主要受大气降水因素影响，勘察期间，地下水位埋深 2.30 ~ 2.70m，水位标高 17.81 ~ 17.93m。本区年最高水位多出现在汛期的 8 ~ 9 月份或稍滞后些时间，低水位多出现在 5 ~ 6 月份。水位年最大变幅约 2.0m。基坑开挖深度约 9 ~ 9.5m，须进行降水工作，采用止水帷幕进行止水，管井进行降水。地下水对混凝土结构具有微腐蚀性。

3. 应用效果

新型双芯扩体桩锚基坑支护施工技术与传统的内支撑施工技术和双排桩施工技术相比，大大降低了基坑的施工成本，节约了混凝土用量和钢筋用量。与内支撑相比，此种方法土方开挖更加便利，直接缩短了土方开挖施工工期，出土效率约是同条件下内支撑的 2 ~ 3 倍。对于双排桩支护而言，节省了约一半的泥浆倒运费用。

新型双芯扩体桩锚基坑支护施工技术丰富了基坑支护结构体系类型，满足基坑支护的安全性和可靠性，可满足一类基坑变形标准，减少施工对周边生活、办公、生产的影响；有效降低了周边建筑的变形程度，对周边建筑起到了很好的保护作用；有效避免基坑支护施工对周边建筑物、道路、综合管线产生破坏、沉降等不利社会影响，且便于后期土地开发因锚索埋置于土层中造成的施工难度；有效减少钢筋、水泥、混凝土用量，节约资源，绿色环保，实现“降碳”效果。该技术符合当前国家提倡的节能减排、降碳、绿色施工政策，推动了绿色施工在建筑行业中的技术进步。

4.2　桩土撑组合式基坑支护施工关键技术

4.2.1　技术概况

桩土撑组合式基坑支护体系是由双排围护桩、注浆斜钢管撑、桩间土顶部配筋板连系结构及内部支撑梁组成的基坑支护体系。它可以解决当前的施工方法上下层土方开挖及锚索施工周期长，工程量大、工序复杂、对周边环境影响大、造价高、对后续工序交叉影响大、基坑安全性差等存在的不足。桩土撑组合式基坑支护施工技术在基坑工程中的应用，可减少内部支撑工程量，提高土方开挖和地下室结构施工工效，其技术在环保、经济节能方面效果显著，具有节能环保、安全可靠的优势。桩土撑组合式基坑支护体系模型及剖面如图 4.2-1 所示。

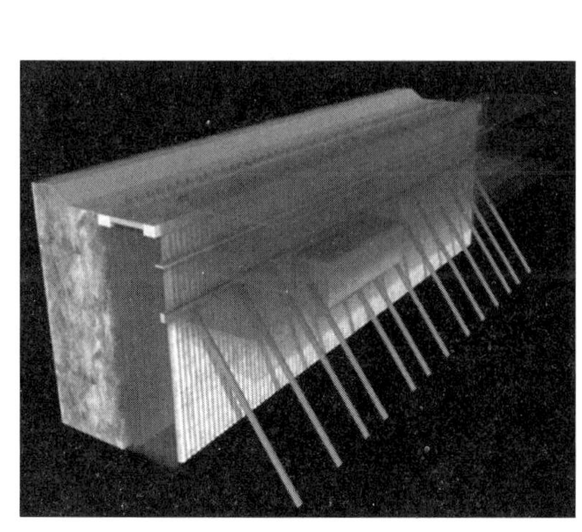

(a) 体系模型图

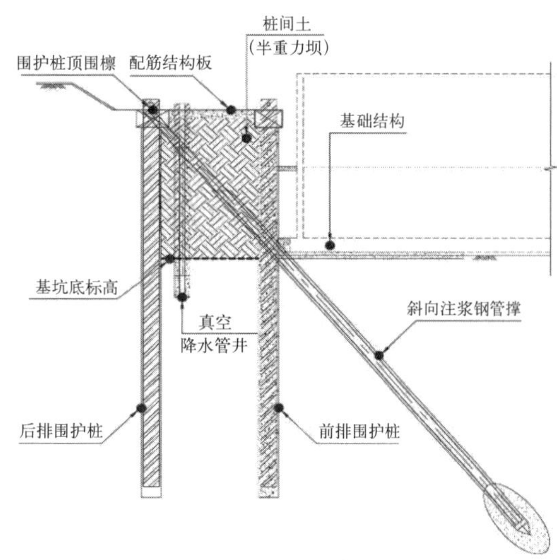

(b) 体系剖面图

图 4.2-1　桩土撑组合式基坑支护体系图

根据岩土弹塑性理论模型，真空管井持续疏干降水可使土体发挥半重力坝效应。在此理论基础上，工艺的核心在于双排围护桩间土形成半重力坝并与前后排围护桩及桩间土顶部配筋混凝土连系板形成整体受力。通过贯入注浆斜钢管撑避让地下室结构并根据压杆稳定受力模型，根据具体受力情况计算足够嵌入长度。斜钢管撑端部采用分瓣成品桩尖，注浆过程中确保注浆量及注浆压力，在斜钢管撑底端劈裂桩尖周围土体形成扩大头，斜钢管撑在注浆后形成足够刚度抵抗压力作用。在底端为扩大头支座，顶部与围檩刚性连接组合形成整体受力。斜钢管撑顶部嵌入桩间土的部分与周围固结后的土体综合受力，与底部原状土内悬臂段形成半刚性支座，确保斜钢管撑的受力效果并有效约束其变形。斜钢管撑在注浆前预先将顶部切割并焊接端部盲板及加劲板，注浆完成后与后排配筋混凝土围檩整体浇筑形成刚性节点。

桩土撑组合式基坑支护施工关键技术适用于围护桩采用混凝土钻孔灌注桩的基坑围护形式。

4.2.2 技术特点

（1）通过采用双排围护桩及斜钢管撑，对基坑围护薄弱部位针对性地进行加强，一般受力部位设置一道内支撑且分布范围可通过设计优化减小，相对常规基坑支护体系使内支撑结构混凝土、立柱桩得到大幅节约，缩短了施工时间。

（2）可实现大敞开式开挖，不仅土方开挖及外运的效率得到最大化，地下室结构施工也可避免破除第二道内支撑的影响，实现均衡连续施工。

（3）通过真空管井不间断疏干降水实现双排围护桩间土固结发挥半重力坝效应，进一步提高了基坑稳定性，具有基坑围护结构变形小、周边管线位移及沉降量小、支撑结构轴力均衡且安全系数高等特点。

（4）避免了常规坑内钢管斜抛撑贯穿地下室结构外墙，减少了格构柱贯穿地下室结构板的情况，降低了地下室结构墙、板等构件的渗漏风险，提高了地下室结构实体成型质量。

（5）在基坑土方开挖之前便可先行施工，施工工艺简单，施工效率高，能够加快施工进度，缩短施工工期，有较高的适用性。

4.2.3 工艺流程

桩土撑组合式基坑支护施工工艺流程见图 4.2-2。

4.2.4 技术要点

1. 双排围护桩打设

基坑围护桩应采用钻孔灌注桩。在双排围护桩正式施工前应对围护桩前后排距离、

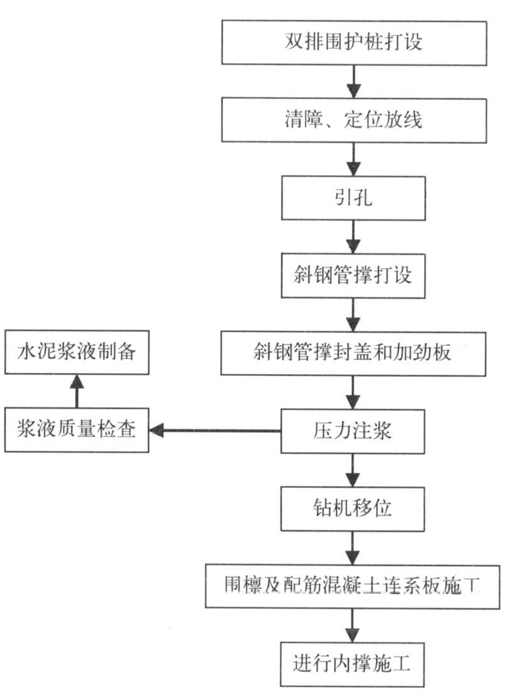

图 4.2-2　桩土撑组合式基坑支护施工工艺流程图

桩位进行测量放线并复核，如图 4.2-3 所示。若采用钻孔灌注桩还应在围护桩打设完毕后进行止水帷幕施工。

图 4.2-3　桩位复核图

2. 清障、定位放线、开挖导槽

为确保斜钢管撑的定位准确并连续施工，在正式打设前必须对表层障碍物如石块、砂浆块、不明地下管线等进行详细的勘察。为避免贯入过程中因障碍物碰撞导致斜钢管撑偏位、桩尖磨损、桩身弯曲等情况，应对存在的表层障碍物及时进行清理。在引孔设备就位前进行定位放线，并开挖导槽在设计贯入点进行现场标记，导槽宽度宜为1.2m。土方开挖后及时进行外运，不得先行堆置在现场影响钻机及打桩机行进。导槽开挖见图 4.2-4。

图 4.2-4　导槽开挖图

3. 引孔

采用斜向钻机进行引孔，钻机就位并固定后采用角度尺对钻杆角度进行标定。引孔角度应满足设计要求的贯入角度，应确保避让地下室底板及外墙，角度宜在50°～65°，引孔深度约 2～3m，钻杆贯穿围护桩之间。若发现钻杆碰撞围护桩应及时灵活调整钻杆位置，重新进行引孔。引孔孔径应大于斜钢管撑外径。斜向钻机引孔如图 4.2-5 所示。

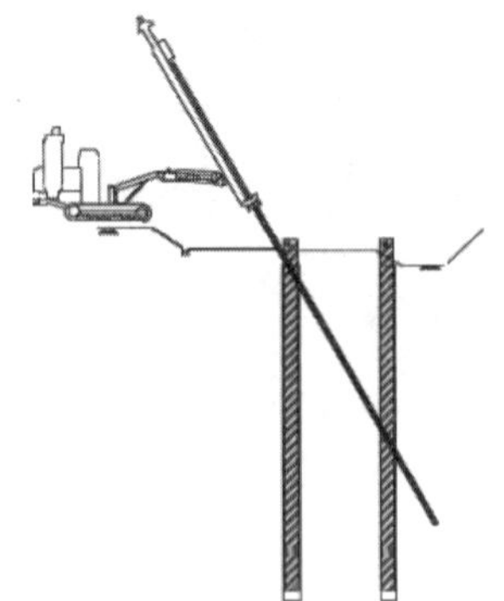

图 4.2-5　斜向钻机引孔示意图

4. 斜钢管撑打设

斜钢管撑间距 3m，桩尖安装及接长过程中应注意满焊，确保桩身无孔洞、开裂等情况。钢管运输过程必须在 1/3 处设置两个吊点，保证钢管运输的安全，严禁托运。

钻机移到安全距离，设置到同角度，作为钢管安放的参照角度。安放过程中由机械手拎起端部，挖机配合吊住另一端，协助机械手将钢管调整到孔位。在钢管下放过程，以钻孔机的倾斜角作为校正，下放过程务必做到准确、均速、平稳。斜钢管撑打设如图 4.2-6 所示。

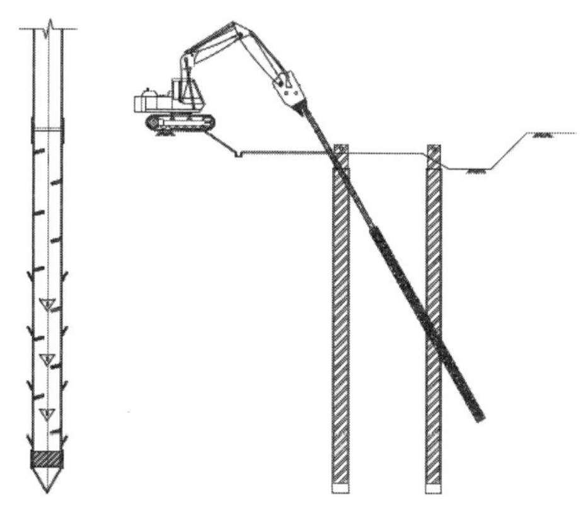

图 4.2-6　斜钢管撑打设示意图

5. 斜钢管撑封盖和加劲板

斜钢管撑打设完毕后将围檩节点以上的超长部分气割切掉，之后在顶端下部 200 ~ 450mm 处钢管内焊接封盖钢板，使钢管形成底端缝状开口的空腔。在距顶端封盖 500 ~ 1000mm 处钻孔，直径 60 ~ 100mm，预先组合的弧形钢板与 100 ~ 150mm 长注浆短管与钢管贴合并四周围焊。钢质注浆短管直径 50 ~ 80mm，通过预先套丝与注浆管紧固连接。在封盖钢板对应位置，钢管外侧焊接加劲板加强，与钢管四周满焊。斜钢管撑封盖和加劲板如图 4.2-7 所示。

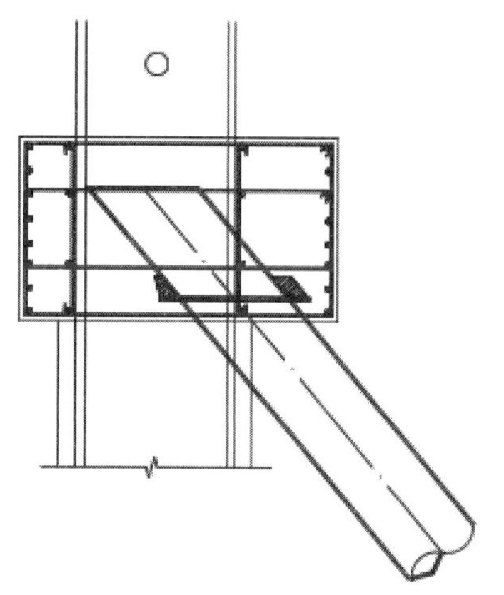

图 4.2-7　斜钢管撑封盖和加劲板示意图

6. 注浆准备及压力注浆

注浆前对进场水泥进行检查和复试，水泥种类及强度等级应符合设计要求。制备浆液前应准备好后台设备，对操作人员进行充分交底。浆液制备完成后及时对比重进行检查。注浆钢管在使用前应检查有无破裂和堵塞，接口处要牢固，防止注浆压力加大时开裂跑浆。注浆时通过注浆泵加压，低速注入孔底。注浆分段注入，第一次注浆在钢管进入前排型钢后开始注入，以浆液泛出注浆孔壁为止，后续注浆按每次进入3～4延米分段注入。注浆量每根不小于5 t。注浆如图4.2-8所示。

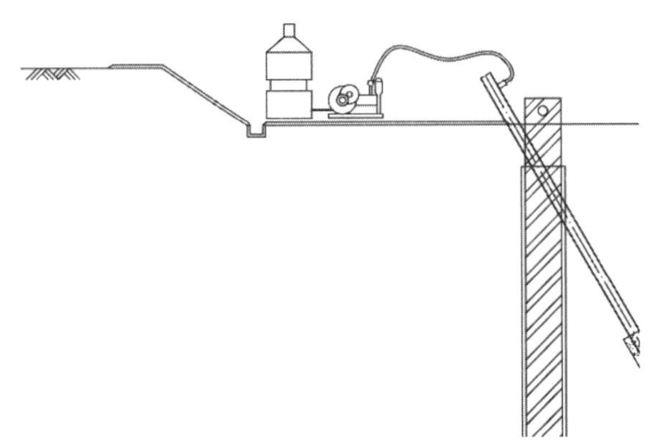

图4.2-8　注浆示意图

7. 围檩及配筋混凝土连系板施工

注浆完毕后平整表层土体并夯实，清理围护桩顶部多余混凝土。前后两排围护桩顶围檩、连系板钢筋绑扎，整体浇筑并养护。

8. 降水作业

斜钢管撑打设完毕后在双排围护桩间打设管井。洗井并进行抽水试验正常后开始维持不间断真空降水。控制水位确保双排围护桩间土固结效果。在井点施工的过程中要严格控制其质量，特别是在放置滤管和填充砂石的过程中，要防止井壁塌土堵塞滤管形成“死井”。

9. 钢管撑和灌注桩质量检测

对施工完成达到龄期要求的斜钢管撑抗拔力，钻孔灌注桩桩身完整性等进行检测，检测结果全部为合格，施工现场斜钢管撑抗拔力和灌注桩小应变检测分别见图4.2-9和图4.2-10。

10. 质量控制

（1）明确岗位质量职责，责任落实到人，施工人员应做到科学管理，精心组织，精心施工，认真做好逐级质量技术交底工作，明确施工质量要求，确保管理运行高效。

（2）认真执行“把六关”“五不准”的规定，坚持“技术三级交底制”、自检、专检、

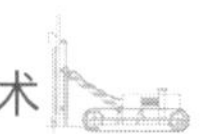

图 4.2-9　斜钢管撑抗拔力现场检测图

图 4.2-10　灌注桩小应变现场检测图

交叉互检“三检制”，使施工过程始终处于受控状态，确保实体质量。

（3）强化对施工质量的控制，严格按照规范要求进行分部分项工程检查验收，质量员应随时做好跟踪检查，发现问题及时纠正，并做好专职检记录，对不合格工程应限期修整合格，否则不予验收。同时对重要工序实行填写申请表制度，以实现重点部位、关键部位的重点控制。

（4）开展全员质量意识教育，定期组织进行规范规程、质量验评标准的学习。

（5）建立周质量例会制度，每周通报日常检查过程中发现的质量问题，形成销项，按规定时间完成质量整改回复。

4.2.5　工程应用

1. 工程概况

商丘市金融中心项目西临睢阳南路，东临腾飞路，北临应天道路，南临帝喾路，西靠日月湖景区，规划占地面积约4.6万m^2，总建筑面积约23.5万m^2；由两栋塔楼、裙房、地下室构成，建筑高度约160m，地下室2层。场地基坑范围内无地下管线，场区外50m范围内无建筑物。该工程基坑长282m，宽178m，周长约832m，总开挖面积约38446m^2，现场场地标高0.3m，基坑标高为−10.9m，开挖深度11.2m，基坑开挖土方45万m^2。

2. 地质水文概况

（1）工程地质

场地土层分布及物理性质指标见表4.2-1。

土层分布及物理性质指标　　表4.2−1

层号	土层	平均厚度（m）	重度（kN/m^3）	黏聚力（kPa）	内摩擦角（°）
①	杂填土	0.6	18	10	10
②	粉土夹粉质黏土	4.7	18.8	10	23
③	粉土	1.1	19	10	22.5
④	粉质黏土	0.6	18.5	17	9
⑤	粉土	2.3	18.8	11	24
⑥	粉质黏土	7.7	19	22	10.5
⑦	粉质黏土	8	19.34	26.7	13.7
⑧	细砂	8	19.52	4.2	33.6
⑨	粉土夹粉质黏土	8	19.14	5.1	27.7

（2）水文地质

场地内地下水位埋深在4.0m，地下水主要受大气降水补给，排泄方式主要为蒸发排泄和人工开采排泄，其动态变化主要受季节性降水的影响，地下水变化幅度为1.0m左右。

3. 应用效果

桩土撑组合式基坑支护施工关键技术解决了常规基坑支护体系工程量大、消耗材料多、施工周期长、基坑安全性差等问题，保证了基坑施工阶段的整体结构安全，在项目上得到了成功应用，得到了业主、设计院及业内专家的一致认可。通过该技术的应用，减少了基坑施工阶段整体工程量，同时减少了支撑拆除费用，减少人工、挖机台班、卡车台班。通过采用此技术，可提高土方开挖效率，提高拆撑效率，减少工期。在相似地质及基坑深度条件下，桩土撑基坑支护体系较常规基坑支护结构方案节约造价20%～30%。

桩土撑组合式基坑支护施工关键技术较其他基坑支护体系施工方法，能够减少能

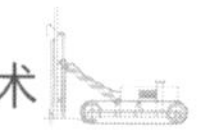

源消耗。同时减少周边市政管线沉降变形，保护周围环境。由于极大地缩短了工期、提高了土方开挖效率，可降低土方开挖及支撑施工阶段对周围居民产生的噪声和扬尘影响，环境保护效益显著，符合国家倡导的绿色施工理念。

4.3　可回收“土钉 + 钢面板”装配式基坑支护施工关键技术

4.3.1　技术概况

随着社会经济的发展和人民生活观念的转变，建筑行业的绿色施工管理成为必然趋势。传统土钉支护方式存在着施工工序繁琐、建筑材料浪费、施工周期长、污染环境等问题。同时，土钉的大量使用，导致城市地下埋置的土钉越来越多，且部分延伸到“红线”外，严重侵犯了邻近建筑的地下空间，为后续城市发展中的其他工程建设留下了隐患，造成了地下空间在开发时的困难，其建设费用显著增加，同时也对地下空间造成了严重污染，不符合建筑工业化和绿色施工的发展要求。为解决以上问题，通过广泛开展研究，形成了可回收“土钉 + 钢面板”装配式基坑支护施工技术。

可回收“土钉 + 钢面板”装配式基坑支护体系是一种新型支护体系，旨在确保边坡土体的整体稳定性，其作用原理与传统土钉墙相似，都是通过钢筋及注入的浆体与土体之间产生摩擦力进而约束土体的变形，实现土体整体稳定性。不同之处在于传统土钉墙钢筋、浆体、土体三者都是直接接触，且通过挂网喷混凝土起到护面效果。可回收土钉墙支护钢筋与浆体之间通过 PVC 管隔开，钢筋与浆体的力通过端头的承压板传递进而通过浆体与土体的摩擦力稳定土体，护面采用装配式钢面板，从而达到钢筋及钢面板可回收周转使用。可回收“土钉 + 钢面板”装配式基坑支护体系如图 4.3-1 所示。

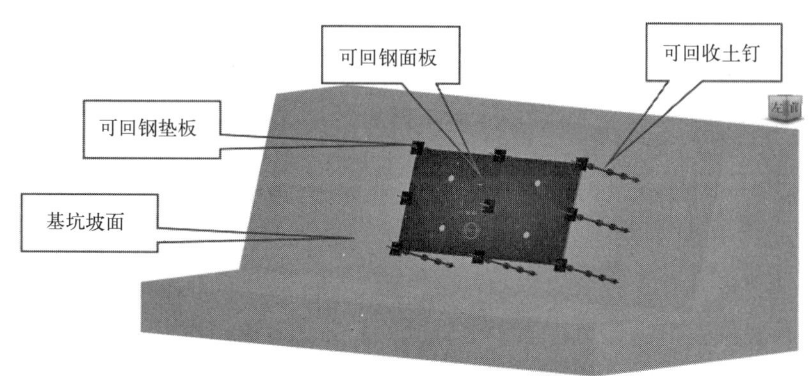

(a) 支护体系正面示意图

图 4.3-1　可回收“土钉 + 钢面板”装配式基坑支护体系图（一）

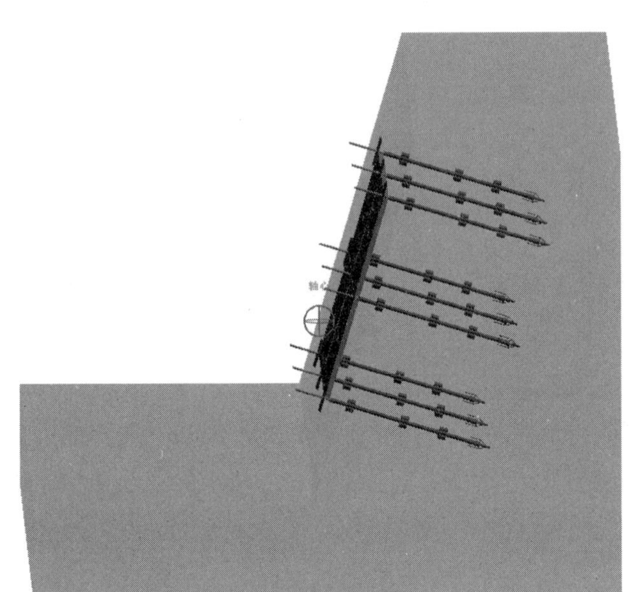

（b）支护体系剖面示意图

图 4.3-1　可回收“土钉 + 钢面板”装配式基坑支护体系图（二）

可回收“土钉 + 钢面板”装配式基坑支护系统适用传统土钉墙工况，特别适用于对周边地下空间开发环境要求高及土体开挖后需快速进行支护的基坑工程。

4.3.2　技术特点

（1）绿色环保。传统土钉支护网喷混凝土污染大，不利于安全文明施工及环保要求，材料损耗高，不利于成本控制。可回收“土钉 + 钢面板”装配式基坑支护系统污染小、材料消耗率低、护坡面层可回收，突显绿色节能环保等优点。

（2）施工高效。本技术施工简便快捷，大型机械需求少，现场安装依靠人工即可快速完成，节省现场制作钢筋、喷射混凝土、混凝土养护时间，且钢面板在工厂预制生产，施工效率较高。

（3）工厂预制化，现场装配化。土钉、钢面板等构件在工厂预制，半成品材料规格统一，便于开展标准化施工，方便质量检验，利于质量管控；施工方法的流程化、标准化程度高，施工质量易于保证和控制。

（4）可回收重复利用。可回收“土钉 + 钢面板”装配式基坑支护系统从根本上解决了传统土钉支护不可回收和不可重复利用的问题，提高了建筑材料的利用率，进而降低工程的造价。

（5）减少对地下空间开发的影响。本技术在基坑支护任务结束后可将土钉、钢面板进行全部回收，支护结构回收彻底，不遗留建筑垃圾，避免了传统土钉超出用地红线问题，防止影响后期地下空间开发以及对周围环境的破坏。

4.3.3　工艺流程

可回收“土钉 + 钢面板”装配式基坑支护施工工艺流程见图 4.3-2。

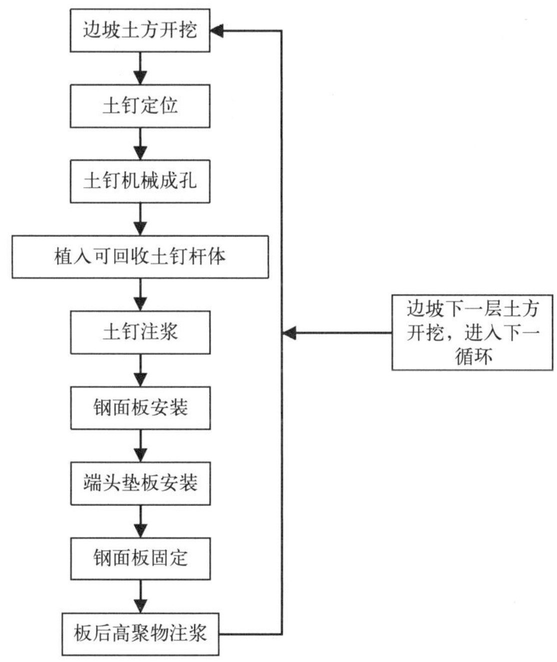

图 4.3-2　可回收“土钉 + 钢面板”装配式基坑支护施工工艺流程图

可回收“土钉 + 钢面板”装配式基坑支护回收工艺流程见图 4.3-3。

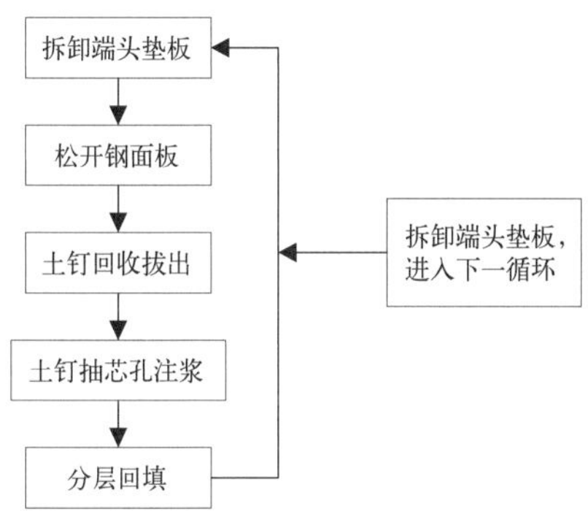

图 4.3-3　可回收“土钉 + 钢面板”装配式基坑支护回收工艺流程图

4.3.4　技术要点

1. 边坡土方开挖

(1) 采用分层、分段、均衡、对称的方式进行挖土。纵向分段分层开挖示意图见

图 4.3-4，横向分层开挖示意图见图 4.3-5。

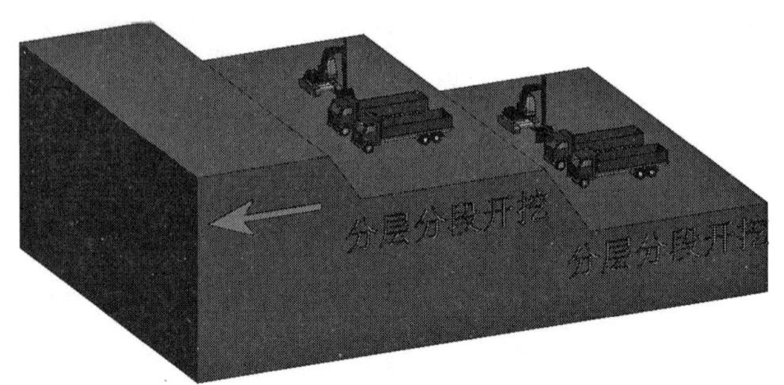

图 4.3-4　纵向分段分层开挖示意图

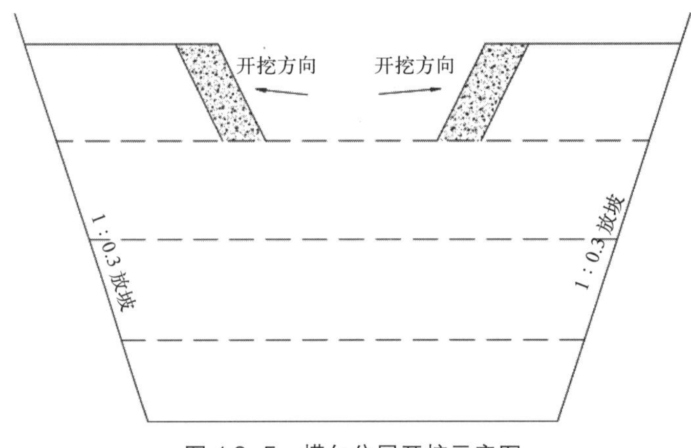

图 4.3-5　横向分层开挖示意图

（2）基坑顶部 2m 范围内严禁堆载，2m 以外地面堆载要求不超过 20kPa，高度小于 1.5m。

（3）每层开挖厚度依据土质情况和土钉间距进行控制，边挖边检查坡度，不足时及时修整，土方开挖后 24h 内完成土钉及钢面板施工。

（4）挖至基底以上 30cm 后进行人工清理修整，清理后的土用吊车吊出基坑，并及时验槽并浇筑垫层，垫层浇筑铺满基坑。

（5）基坑开挖应尽量防止对地基土的扰动。如果超挖或者扰动，采用 C15 素混凝土或级配碎石填实。

（6）在土钉墙坡面设置泄水管，采用 ϕ50PVC 管预埋，坡度 10%，在距离钢面板板后高聚物注浆孔 30cm 开孔，上下两层错开布置。泄水管为塑料排水管，长度 800mm，管壁间隔 100 设置 ϕ8 的泄水孔洞 2 个，外敷土工布作为滤水材料，最下一排泄水管应高出基坑底面 200mm。泄水管进水口位置用粗砂回填。

（7）雨期施工时，基坑分段开挖，挖好一段施工一段垫层。对已开挖未进行防护

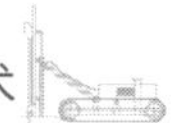

的坡面采用防雨布覆盖保护。

2. 修坡

土钉支护作业应紧随基坑开挖分段分片进行，分段分片区域与土方开挖一致。施工顺序应由下而上，紧跟开挖工作面及时进行。

为保证基坑边坡坡度满足设计要求，基坑开挖作业利用反铲挖掘机。预留 10～20cm 厚人工修整，确保边坡的坡角和坡面的平整度。

3. 土钉定位及成孔

采用全站仪或 GPS 间隔 10m 布置一个控制桩，挂线施工。采用 KT-6 履带式锚固钻机成孔，成孔直径 100mm，孔径允许偏差 -5～20mm。在成孔过程中，需将孔中的残土清除，钻孔后进行清孔检查，确保有效孔深，把土充分倒出后再拔钻杆，可减少孔内虚土，方便钻杆拔出，以保证下道注浆工艺的质量。孔深允许偏差为 0～200mm，孔位允许偏差为 100mm。

4. 土钉制作与安放

可回收“土钉 + 钢面板”装配式基坑支护施工技术采用一种可回收式钢筋土钉，包括承压板、底部端头连接钢套筒、内部端头连接钢管、石蜡或黄油、塑料堵头、定位钢筋，可回收土钉部件如图 4.3-6 所示。其中内部端头连接钢套管与钢筋土钉外部 PVC 塑料套管连接并密封，可回收土钉端头如图 4.3-7 所示。

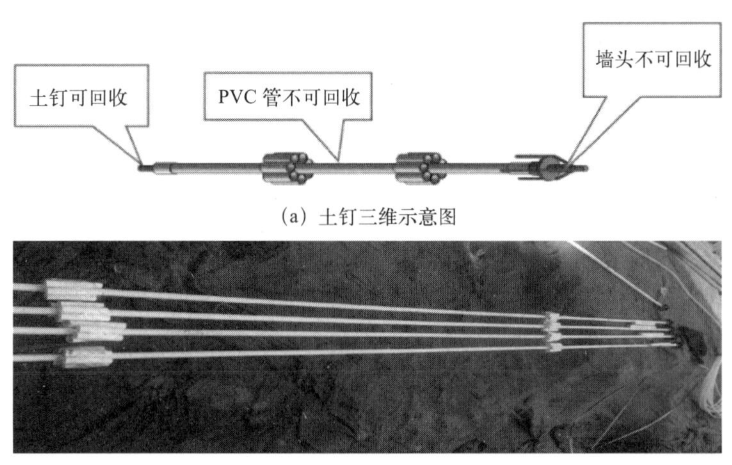

(a) 土钉三维示意图

(b) 土钉实物图

图 4.3-6　可回收土钉部件图

为便于钢筋土钉周转使用，尽可能地采用 4.5m、6m、9m 等规格统一的长度，以便于钢筋下料，提高材料利用效率。土钉底部端头连接钢套筒和内部端头连接钢管均与承压板满焊连接。

土钉需在伸入孔洞前进行套丝，套丝长度为底部连接钢套筒的 2/3，土钉外侧套

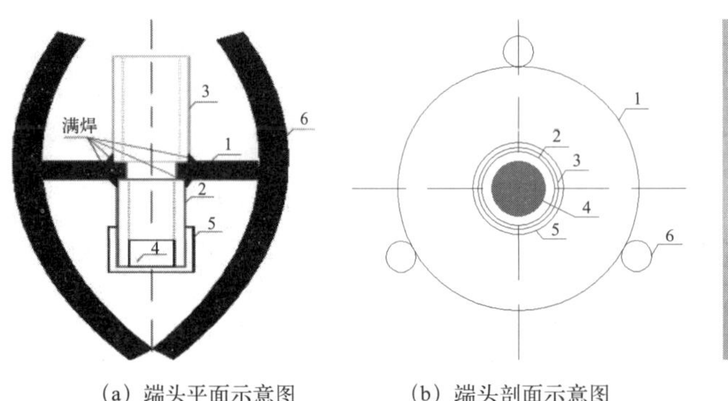

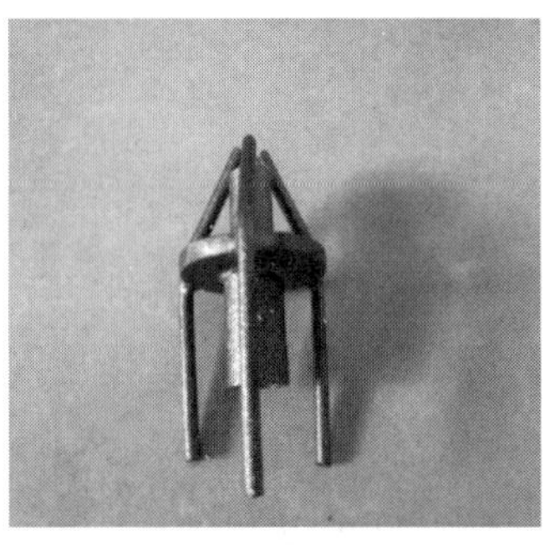

（a）端头平面示意图　　（b）端头剖面示意图　　（c）端头实物图

图 4.3-7　可回收土钉端头图

1—承压板；2—底部端头连接钢套筒；3—内部端头连接钢管（与钢筋外 PVC 保护套管连接）；
4—石蜡或黄油封堵材料；5—塑料封头；6—定位钢筋

比钢筋直径稍大的 PVC 套管，套管插入底部端头连接钢管并采用密封胶带与连接钢套管连接密封。钢筋与底部端头连接钢套筒手动连接，钢套筒内空余部位采用黄油或石蜡封堵，钢套管外侧采用塑料堵头封闭密封，防止泥土进入。为保证土钉能定位于孔的中心位置，采用钢筋制作定位器。在 PVC 管四周安装同等直径的短节 PVC 管，用胶带进行固定，确保 PVC 管居中。可回收土钉 + 钢面板做法大样如图 4.3-8 所示。

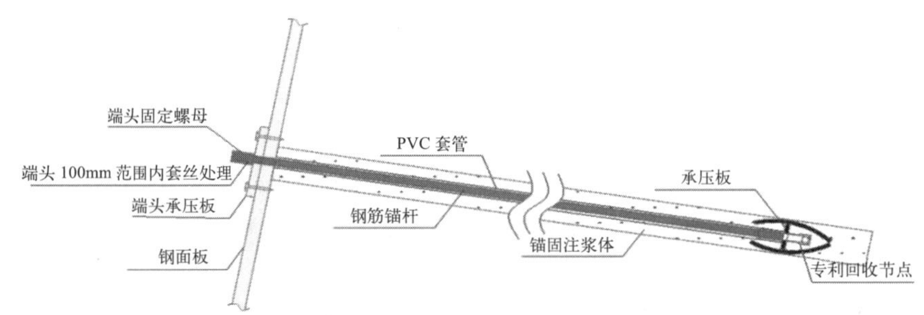

图 4.3-8　可回收土钉 + 钢面板做法大样图

土钉横向纵向布置间距均为 1.5m。土钉插入边坡土体向上倾斜角度为 15°，钻孔倾角误差不大于 3°。土钉另一端与钢面板连接，如图 4.3-9 所示。

5. 搅拌及注浆

注浆质量是保证土钉抗拔力的关键。注浆采用 42.5 普通硅酸盐水泥，注浆强度应达到 20MPa，注浆管采用 20mm 耐压塑料管。根据施工需要，在浆液拌制过程中添加早强剂，以确保浆液的流动性和提高早期强度，使土钉早日进入工作状态。注浆方式为底部注浆，即将注浆管插入孔底（距孔底 200mm 左右），浆液从孔底开始向孔口灌填。土钉的固结体材料采用 M20 水泥砂浆，且采用二次注浆技术，注浆时间应在初次水泥砂浆初凝后即可进行，终止注浆压力不应小于 1.0MPa，二次注浆管应绑

图 4.3-9　土钉与钢面板连接图

在土钉上，注浆孔应设逆止装置。

孔内注入浆体的充盈系数必须大于 1，必须保证注浆质量。浆体应搅拌均匀并立即使用，开始注浆前、中途停顿或作业完毕后需用水冲洗管路，以防浆体凝固影响下次注浆的质量。土钉孔道现场注浆如图 4.3-10 所示。

(a) 注浆管安放　　(b) 孔道注浆

图 4.3-10　土钉孔道注浆现场图

6. 钢面板以及端头钢垫板制作与安装

钢面板、端头钢垫板采用工厂集中加工。端头钢垫板加工大样如图 4.3-11 所示。

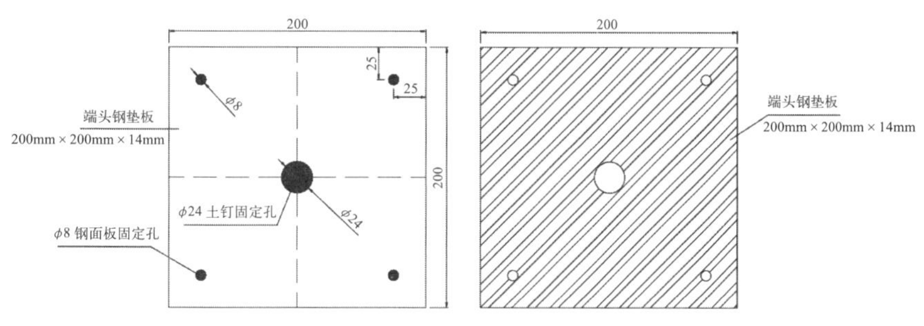

图 4.3-11　端头钢垫板加工大样图

钢面板、端头钢垫板采用现场拼装，现场安装如图 4.3-12 所示。

(a) 钢面板安装

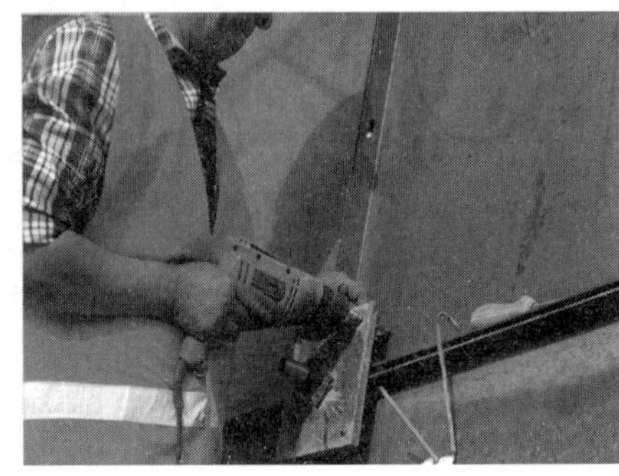
(b) 端头钢垫板安装

图 4.3-12 钢面板、端头钢垫板现场安装图

7. 钢面板板后注浆

由于钢面板与基坑两侧不可避免会存在一定空隙，该空隙可通过注入非水反应双组分聚氨酯灌浆材料进行填充。双组分发泡聚氨酯一般具有较快的反应速度和较大的膨胀率，可在 6 ~ 10s 内体积膨胀 20 ~ 30 倍。非水反应聚氨酯类双组分高聚物材料，具有反应快、膨胀倍数高、堵水性能稳定、环保性能良好等优点，在大量基础设施的渗漏治理中得到了成功应用。钢面板板后现场注浆如图 4.3-13 所示。

(a) 预留注浆孔注浆

(b) 注浆完成

图 4.3-13 钢面板板后现场注浆图

8. 主体施工后拆除

“土钉 + 钢面板”支护系统施工完成后，及时进行结构主体施工，结构主体施工完毕后，基坑回填之前进行“土钉 + 钢面板”支护系统的拆除。拆除时从下到上按照钢套筒、垫片、钢垫板、钢面板、土钉的顺序，逐步进行拆除回收。

9. 质量控制

(1) 土钉定位精度需控制在 ±2mm；注浆过程中，二次调整校核土钉端部定位精

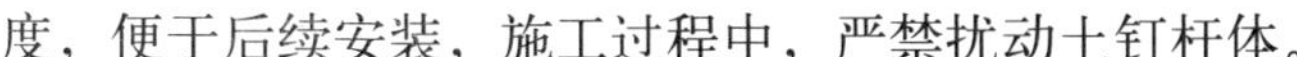

度，便于后续安装，施工过程中，严禁扰动土钉杆体。

（2）土钉注浆及要求同原土钉墙设计要求。

（3）钢面板加工精度控制在 ±2mm；钢板之间采用直径 6mm 的螺丝固定。

（4）钢面板与端头钢垫板的固定采用燕尾自攻螺纹固定。

（5）结合现场安装情况及精度实际差异，必要时在钢面板之间增设弹性材料密封，避免边坡土体被冲刷。

（6）板后高聚物注浆可以按土钉间距分层进行，也可在单块钢面板安装后随即进行（厚度为 2 ~ 3cm），基坑上部和下部喷射 5cm 厚高聚物。

（7）分层回填拆除钢面板、土钉作业时，应对土钉杆体抽芯孔进行注浆处理，宜采用水灰比较小的浓浆。

（8）严格控制钢套管与 PVC 管连接的密封性，确保无浆液进入 PVC 管内。

4.3.5　工程应用

1. 工程概况

郑州商都历史文化区建设项目塔湾路综合管廊系统及道路提升工程和郑州商都历史文化区建设项目书院街综合管廊系统及道路提升工程分别选取长为 517.93m、坡向高度 9m 和长 225m、坡向高度 9m 两个基坑段落，采用可回收“土钉 + 钢面板”装配式基坑支护系统施工技术进行施工。

2. 地质水文概况

（1）工程地质

根据地质勘查资料，勘探深度范围内地层共分为 10 层和 3 个亚层，主要为第四系冲洪积粉土、粉质黏土、粉砂、细砂等，本场地地层描述如下：

①$_{-1}$ 杂填土（Q_4^{ml}）：杂色，主要以回填的粉土、粉砂为主，夹杂有建筑垃圾和生活垃圾等。

①粉土（Q_4^{al+pl}）：褐黄色，稍湿，稍密，干强度低，韧性低，无光泽，摇振反应中等，局部含砂量较高，局部夹薄层粉质黏土。

②粉质黏土（Q_4^{al+pl}）褐黄色 - 灰褐色，软塑 - 可塑，干强度中等，韧性中等，无摇振反应，稍有光泽反应，局部夹粉土薄层。

③粉土（Q_4^{al+pl}）褐黄色（局部略显浅灰色），湿，稍密 - 中密，层状结构，层理清晰，含云母片及褐色铁锈浸染，无光泽反应，振摇反应迅速，韧性及干强度低。

④粉质黏土（Q_4^{al+pl}）灰褐色（局部略显黄褐色），软塑至可塑状，夹黄褐色铁锈斑点，含白色碎螺片，切面稍光滑，无振摇反应，韧性中等，干强度高。局部夹有薄层粉土。

④$_{-1}$ 粉土（Q_4^{al+pl}）黄褐色，湿，中密，含云母片及褐色铁锈浸染，无光泽反应，振摇反应迅速，韧性及干强度低。内含白色碎螺片。局部夹有薄层粉质黏土。

⑤粉土（Q_4^{al+pl}）：黄褐色，湿，稍密 - 中密，干强度低，韧性低，无光泽反应，摇振反应中等，内含铁锈斑，局部夹薄层粉质黏土和粉砂。

⑤$_{-1}$粉砂（Q_4^{al+pl}）：灰黄色，饱和，中密，矿物质成分主要以长石、石英为主，暗色矿物次之。该层局部存在。

⑥粉质黏土（Q_4^{al+pl}）：黄褐色，可塑，稍有光滑，摇振反应无，干强度高，韧性中等。含白色碎螺片及钙质结核，里有小颗粒姜石，粒径 1.0 ~ 2.0cm，含量约 2%~ 3%，局部夹有薄层粉土。

⑦细砂（Q_3^{al+pl}）：灰黄色，密实，饱和，低压缩性。矿物成分以石英、长石为主，云母次之，暗色矿物少。分选性好，磨圆度较高。

⑧粉质黏土（Q_3^{al+pl}）：黄褐色，可塑 - 硬塑，偶见钙质结核，含铁锰质斑点，干强度中等，韧性中等，稍有光泽，里有钙质结核。

⑨粉土（Q_3^{al+pl}）：浅黄色，湿 - 很湿，中密 - 密实，摇振反应迅速，光泽无，干强度低，韧性低，中压缩性。该层局部颗粒粗，相变为细砂。

⑩粉质黏土（Q_3^{al+pl}）：棕黄色 - 棕红色，夹杂有浅灰色条纹，硬塑，稍有光滑，中压缩性，摇振反应无，干强度中等，韧性中等，富含钙质结核（$d \approx 2$cm），具铁锰质浸染，含有少量的白色蜗螺壳碎片。该层以粉质黏土为主，局部夹有粉土薄层：浅黄色，湿，密实，摇振反应迅速，光泽无，干强度低，韧性低，中压缩性。含少量钙质结核（$d \leqslant 2.0$cm）。

（2）水文地质

本区域场地静止水位埋深在现地表下 5.0m 左右，近 3 ~ 5 年中较高水位为 3.0m，场地浅层地下水补给主要为大气降水垂直入渗补给，排泄方式主要为蒸发和人工开采。

3. 应用效果

可回收“土钉 + 钢面板”装配式基坑支护技术有效解决了传统土钉支护中土钉被埋入地下，影响周边地下空间后续开发的问题，同时钢面板和土钉可以回收利用，降低了工程造价。该技术采用可回收钢面板代替挂网喷射混凝土，避免了使用混凝土带来的环保问题。采用可回收土钉代替传统土钉，减少了对后期地下空间开发的影响，减少了建筑垃圾，同时也节约了钢筋用量，达到了节约成本、有益环保的效果，极大地缩短了施工工期，同时增强施工安全性，得到了业主单位的高度认可。

4.4 装配式预应力型钢组合支撑施工关键技术

4.4.1 技术概况

随着城市现代化建设的迅速发展，地下空间在各大中城市中得到了广泛的开发利用，深基坑工程逐渐成为建筑领域中的重要组成部分。越来越多的深基坑工程集中在建筑密度大、人口密集的环境中，因此“垂直支护结构 + 水平内支撑体系”成为深基坑工程中最常用的支护体系。水平内支撑体系按其材料可分为：钢筋混凝土内支撑和单杆钢内支撑（钢管或型钢）两类。钢筋混凝土内支撑具有强度高、刚度大、控制变形能力好等优点，但也存在很多不足：比如自身重量较大，材料不能重复利用，现场制作、浇筑和养护时间相对较长，拆除时有噪声、粉尘、振动，且有碎块崩砸的危险。单杆钢内支撑自身重量较轻，安装和拆除方便迅速，无需养护，可重复利用，但由于受其自身材料刚度的限制，控制变形能力相对较差，在使用上有较大的局限性。

装配式预应力型钢组合内支撑作为一种新型的水平内支撑形式，具有刚度大、可循环使用、可显著缩短工期等优点，且能减少环境污染，有效弥补钢筋混凝土内支撑和单杆钢内支撑的不足。该系统采用一种高强度的型钢，经工厂加工形成模块化的标准件，系统由模块化组合标准件组成，根据设计要求任意组合增加预应力。根据基坑的不同形状及要求还可在该系统的基础上增加 IPS 系统和 PAS 系统，以满足各类基坑支护要求。该系统实现了围护支护体系结构技术的跨越式发展，不仅显著改善施工场地条件，而且大大减少围护结构的安拆、土方开挖及主体结构施工的造价及工期。

装配式预应力型钢组合支撑是用高强度螺栓和连接件将多根 H 型钢组合成整体承受土压力，并施加预应力的一种基坑支撑形式。其结构体系由水平支撑结构和竖向支承结构组成，如图 4.4-1 所示。水平支撑结构包括角撑、对撑、八字撑、组合围檩和连接件等；竖向支承结构应包括立柱（立柱桩）和连接件。

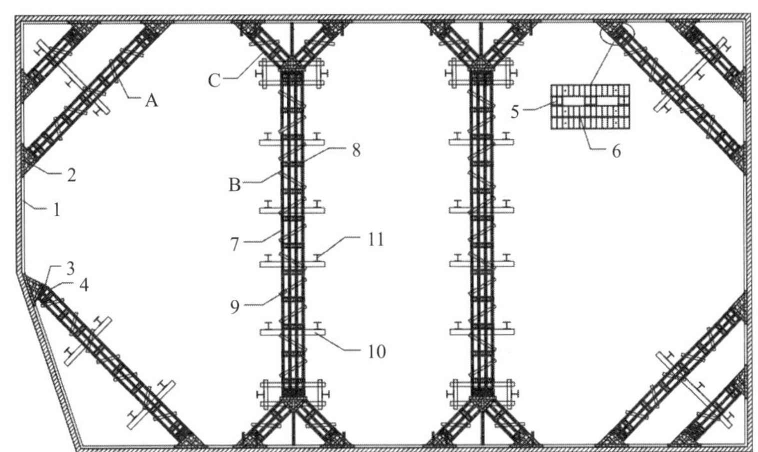

图 4.4-1　装配式预应力型钢组合支撑结构体系图

A—角撑；B—对撑；C—八字撑；1—组合围檩；2—三角传力件；3—角度调节件；4—非标准件；5—保力盒；6—预应力装置；7—单肢型钢；8—盖板；9—系杆；10—托梁；11—立柱

装配式预应力型钢组合支撑体系所有构件均由型钢和钢板在工厂精加工而成，现场用高强度螺栓连接。每榀支撑的型钢根数根据承受的土压力大小调整，常为 3 ~ 8 根。多根平行的型钢之间架设盖板和槽钢构成组合构件 [图 4.4-2（a）]，支撑交汇处用传力三角件连接 [图 4.4-2（b）]。支撑与压顶梁或腰梁之间使用双拼型钢腰梁连接，钢腰梁依托在围护墙焊接的角钢牛腿上 [图 4.4-2（c）]。型钢翼缘上密布螺栓孔，所有构件均通过高强度螺栓连接。支撑中立柱也采用型钢，土质条件较好时直接插入，土质无法达到承载要求，立柱下设立柱桩。

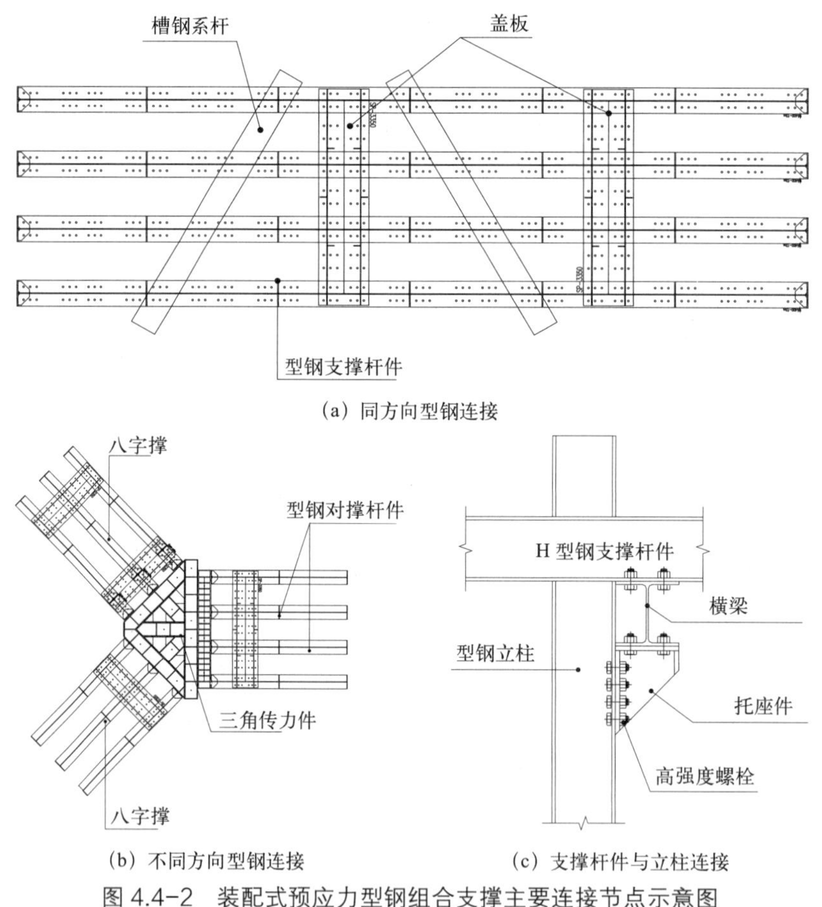

（a）同方向型钢连接

（b）不同方向型钢连接　　（c）支撑杆件与立柱连接

图 4.4-2　装配式预应力型钢组合支撑主要连接节点示意图

图 4.4-3 为装配式预应力型钢组合支撑现场组成，立柱是钢支撑的竖向承重体系，钢支撑放置在横梁上，横梁通过托座与立柱采用螺栓连接。型钢支撑梁（单肢）的盖板及系杆通过高强度螺栓组合连接，再通过三角传力件及八字撑传力至钢围檩。

装配式预应力型钢组合支撑施工关键技术除了满足传统钢支撑适用范围，预应力型钢组合支撑还可适用于不同形状的基坑，其可支撑间距较大，且便于土方开挖施工。

图 4.4-3　装配式预应力型钢组合支撑现场图

4.4.2　技术特点

（1）建筑用材节能环保。采用工厂加工制作标准钢构件，现场通过高强度螺栓连接，构件可回收重复利用；安装无需大型机械，对周边无噪声污染和振动影响，且不残留建筑垃圾。

（2）基坑工程安全性高。装配式型钢组合支撑可通过千斤顶便捷施加预应力，并使用保力盒进行保持，进行主动支护，进而消除支撑体系的松弛，减小垂直支护结构位移变形。

（3）现场组装，缩短施工周期。型钢组合支撑构件材料均为钢构，无需养护，安装完成后可立即发挥作用，同时可以为基坑土方开挖创造了较大空间，并减少了环境污染。

4.4.3　工艺流程

装配式预应力型钢组合支撑施工应在立柱、托座、托梁等竖向支承构件安装完成后，按照先围檩，后对撑、角撑的顺序进行水平支撑系统的拼装。装配式预应力型钢组合支撑施工工艺流程见图 4.4-4。

4.4.4　技术要点

1. 施工准备

在装配式预应力型钢组合支撑构件安装前，必须对安装现场进行调查。主要掌握以下情况：

（1）道路是否具备车辆进出条件。

（2）现场环境是否具备构件堆放要求。

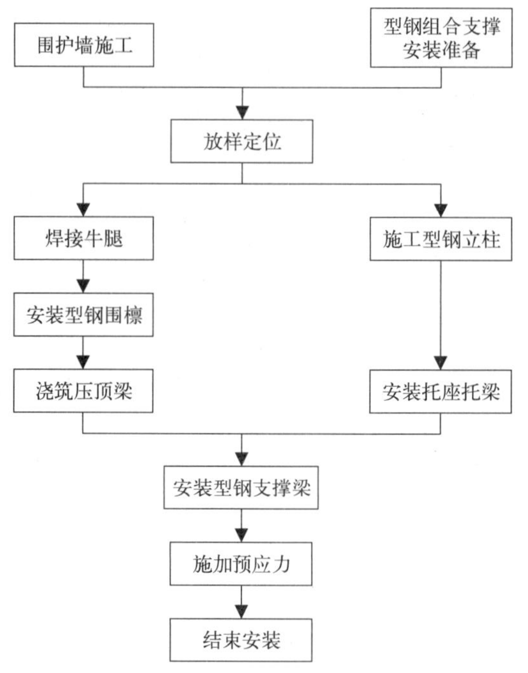

图 4.4-4　装配式预应力型钢组合支撑施工工艺图

(3) 复核安装定位使用的轴线控制点和测量标高的基准点。

(4) 配套构件及预埋件是否满足图纸要求。

(5) 与其他协作单位配合中是否存在障碍。

(6) 安装中所需电源是否到位。

(7) 施工人员的现场辅助设施是否符合标准。

(8) 型钢立柱施工完成后强度等是否符合支撑拼装条件。

2. 牛腿安装

牛腿构件分为三种：普通区域钢围檩角钢牛腿 [图 4.4-5（a）]、多道支撑区域组合围檩角钢牛腿 [图 4.4-5（b）]、八字撑区域三角传力件型钢牛腿 [图 4.4-5（c）]。

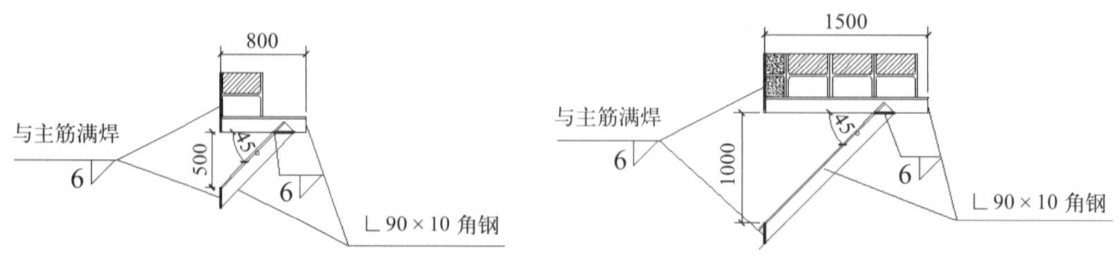

(a) 普通区域围檩角钢牛腿　　(b) 多道支撑区域组合围檩角钢牛腿

图 4.4-5　各区域牛腿构件大样图（一）

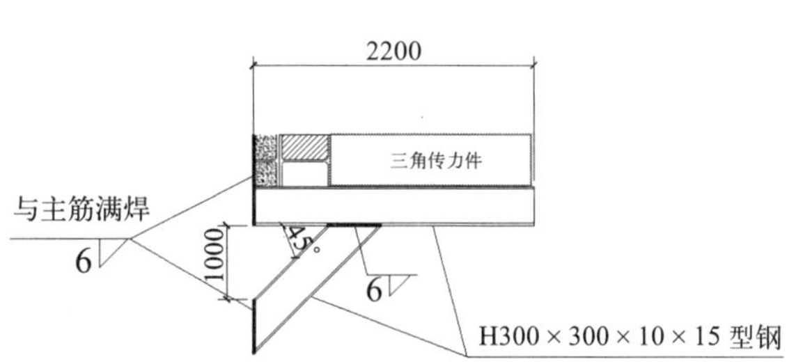

（c）八字撑区域三角传力件型钢牛腿

图 4.4-5　各区域牛腿构件大样图（二）

牛腿采用焊接在支护墙相应位置主筋的施工方法，焊缝高度不小于 6mm，外观质量按三级焊缝标准执行。牛腿焊接前须彻底清理连接部位（如预埋件、H 型钢等）不少于 200mm × 200mm 范围内的铁锈、油污、混凝土残留物等杂物，焊接采取双面焊接，焊缝应满足图纸要求，不得出现歪扭、虚焊现象；横杠水平度误差要控制在 2mm 以内，其仰角应不小于 90°，且不得超过 95°。

基坑四周闭合边线上的钢牛腿设置应控制其上围檩中心线在同一个水平面，允许高差不大于 ±2mm（中心线）。

3. 围檩安装

围檩安装之前须确定轴线基准点，用全站仪或者经纬仪通过坐标计算测设基坑相邻两个转角内侧的基点，通过该基点采用挂线的方法进行平面安装定位，要求实际安装轴线偏差不得超过 ±20mm。拉线一般用弦线或棉线，直径以 0.8 ~ 1.0mm 为宜，现场以拉线的距离而定；线坠规格不定，直径以 25 ~ 50mm 为宜，线坠的坠尖要准确，以便对准中心点。在基准中心点以外地点稳固地安设绞架，挂上弦线或棉线并使用拉紧力将其拉直（拉紧力应为线拉断力的 30%~ 80%），定位好之后在牛腿上作出标记以供围檩安装使用。

安装围檩应遵循“先长后短，减少接头数”的原则，优先使用较长围檩，特别是标准节 12m 的构件，以减少接头数。围檩随支撑架设顺序逐段吊装，人工配合吊机将钢围檩安放于牛腿支架上，围檩就位后应检查钢牛腿是否因撞击而松动，如有松动立即补焊加固。

围檩的连接部位必须满足强度要求，使用摩擦型高强度螺栓紧固连接。围檩与压顶梁连接采用预埋件，预埋件每米不少于 4 个，上下各 2 个，如图 4.4-6 所示。高强度螺栓紧固分两次进行，第一次初拧，初拧扭矩值为终拧的 50%~ 70%，第二次终拧达到规范要求值 T_C=726N · m，偏差不大于 ±10%。待紧固到设计扭矩时，将电源关闭，紧固完毕。

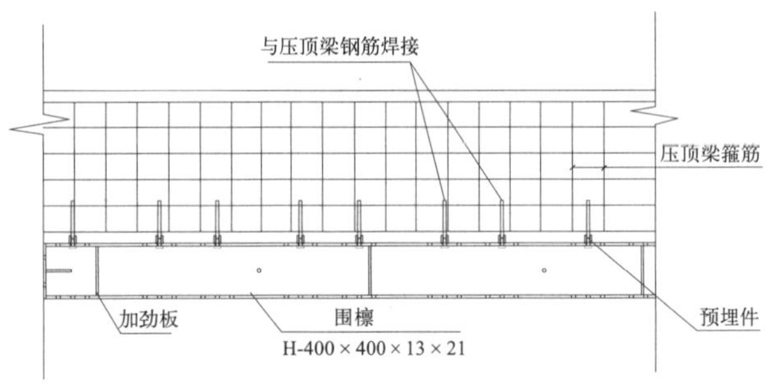

(a) 连接示意图

(b) 连接现场图

图 4.4-6　围檩与压顶梁连接图

4. 钢立柱施工

平整场地后测放型钢定位线点，桩位偏差要求控制在 10mm 以内；插桩就位后，用两台经纬仪相互交叉成 90°，以检测桩身的垂直度，桩插入土中的垂直度偏差不得超过桩长的 0.5%。

钢立柱桩施工采用机械手插型钢法；送桩时配置一台水准仪，在送桩杆上预先画好标记以控制桩顶标高。立柱桩插入时，如未能对准桩位，应将立柱桩拔起重插，若因遇地下障碍物，偏离桩位时，立即将立柱桩拔起，清除地下障碍物，重新放上“样桩”，再次插桩。桩顶标高严格按照设计图纸控制，严禁超送；桩顶标高误差控制在 2cm 左右。

插立柱桩时要注意型钢腹板的方向。现场技术员根据图纸设计的立柱桩腹板方向，在现场用一段 30cm 的白灰将腹板方向进行标示，插入时型钢腹板和白灰线重合。

钢立柱连接采用坡口焊接的方式。现场对检查焊接部位的坡口、间隙、钝边等做检查。

5. 托座与托梁安装

托座件的安装顶面水平标高通过角撑的定位标高反推，误差不得超过 ±5mm；托座上部标高 = 支撑结构中心标高 -（H 型钢规格的 1/2+ 托梁规格）。安装后的托座件须与型钢立柱桩紧固牢靠，高强度螺栓的扭矩需达到规定要求，立柱与托座连接螺栓的安装方向需要保持一致。托梁的位置和标高按设计要求施工且不应设置接头。

6. 支撑梁安装

每道支撑安装时由钢围檩一侧按照三角传力件、角撑、对撑的顺序由两侧向中间进行安装。每道角撑安装前应先在地面进行预拼接并检查预拼后支撑的顺直度，拼接支撑两头中心线的偏心度控制在 2cm 之内，经检查合格后按部位进行整体吊装就位。

角撑、对撑均采用标准件组合拼装，现场安装采用两点吊，就位后先用冲钉将螺栓孔眼卡紧，穿入安装螺栓，安装螺栓数量不得少于螺栓总数的三分之一。安装连接螺栓时严禁任意扩孔，连接面必须平整。

支撑安装过程中，每安装完成一节后立即安装盖板及系杆，通过螺栓紧固到位，将支撑体系形成整体。

预应力装置在每道支撑的中部设置，两端与对撑连接，与预应力装置连接的对撑安装完毕，最后安装千斤顶，将预应力装置与对撑连接。与预应力装置两侧连接对撑的螺栓暂不扭紧到位，起固定约束作用，待预应力加载完成后紧固到位。

7. 施加预应力

预应力装置由加载横梁、千斤顶、保力盒和垫板等组成，如图 4.4-7 所示。

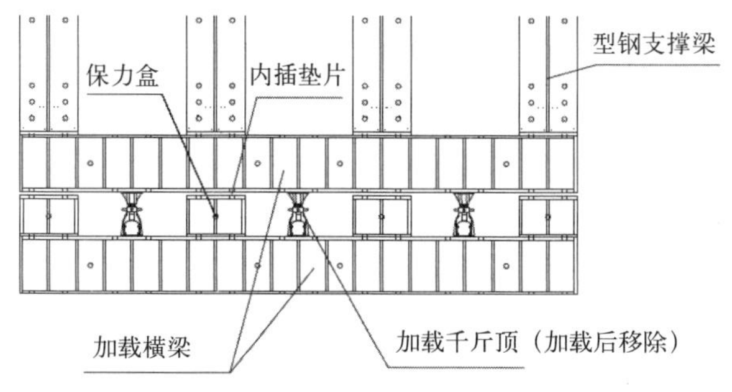

（a）组成示意图

（b）组成现场图

图 4.4-7　预应力装置组成图

（1）预应力施加过程

1）每道支撑设置三个千斤顶位置，同时加压。

2）角撑从内向外逐道加压。

3）施加预应力时，将千斤顶和保力盒安装到位，并采取措施防止坠落。每次施加预应力时及时在保力盒两侧安装钢垫板。

4）每道支撑预应力施加分为三次，依次为每道支撑轴力设计值的 20%、50%、30%。每级压力施加后宜保持压力稳定 10min 再施加下一级压力，达到 1.15 倍设计规定值后，应保持压力稳定 10min 后方可锁定。

5）锁定完成后立即将预应力装置两端对撑的高强度螺栓紧固到位。

（2）预应力施加要求

1）千斤顶应有经过标定的计量装置和证书。

2）型钢组合支撑安装完毕并达到设计要求后方可施加预应力。

3）施加预应力时，千斤顶压力的合力点应与型钢支撑梁轴线重合，千斤顶应在型钢支撑梁轴线两侧对称、等距放置，且应同步施加压力。

4）施加预应力过程，当出现焊点开裂、螺栓松动、局部压曲等异常情况时应卸除压力，加固后方可继续施加预应力。

5）随着新安装的支撑预应力施加，相邻的已安装好的支撑应力可能会减少，所以可根据设计要求复加预应力。同时应根据温度变化及时调整应力值。

6）施加预应力时，要及时检查每个接点的连接情况，并做好施加预应力的记录；严禁支撑在施加预应力后由于和预埋件不能均匀接触而导致偏心受压；在支撑受力后，必须严格检查并杜绝因支撑和受压面不垂直而发生渐变，从而导致基坑挡墙水平位移持续增大乃至支撑失稳等现象发生。

7）为了控制千斤顶油缸伸出长度在 10cm 以内，在加压时可采取在千斤顶后面设置钢板的措施来调整油缸长度。

8）支撑的加压严格按设计轴力进行，不允许加载不到位或超加载，每次加压过程及加压值须记录并存档。

8. 钢支撑拆除

（1）拆除条件

待基础底板及所有传力带混凝土强度达到设计强度后，即可拆除支撑。

（2）支撑拆除总体施工顺序

根据基坑基础底板及传力带浇筑顺序：基坑角撑→支撑连接梁拆除→立柱桩割除→拆除完成。对撑拆除采用相同的顺序。

（3）支撑拆除吊装及运输方案

支撑拆除主要使用叉车和汽车起重机进行起吊，基坑内主要用叉车在楼板上拆除，拆除后的支撑标准件叉放至楼板上临时放置，堆放不超过 2 层，为减少对楼板的荷载，每天拆除后及时拉运出场。

装配式预应力型钢组合支撑现场拆除如图 4.4-8 所示。

图 4.4-8　型钢组合支撑现场拆除图

9. 质量保证

（1）进场验收

1）钢板、型钢、焊接材料以及高强度螺栓的进场验收应符合现行国家标准《钢结构工程施工质量验收标准》GB 50205 的有关规定。

2）型钢标准件和非标准件进场应全数进行外观检查，构件外观应无明显弯曲变形，翼缘板、端部边缘平直。翼缘表面和腹板表面不应有明显的凹凸面、损伤和划痕，以及焊瘤、油污、泥沙和毛刺等。

3）型钢支撑标准件、辅助件和非标准件进场验收标准应符合表 4.4-1 的规定。

标准件、辅助件和非标准件进场验收标准　　表 4.4-1

项目	序号	检验项目	允许值	允许偏差		检查方法	检查数量
				单位	数值		
主控项目	1	规格	设计值	—		产品质量相关文件	全数
	2	外形尺寸	设计值	mm	±3	钢尺量	
一般项目	1	垂直度	—	mm	< h/1000，且小于 10	线坠检查	总数的 5%，且不少于 3 个
	2	平直度	—	mm	≤ 0.1L	平尺检查	
	3	焊缝厚度	设计值	—		焊缝检验尺	
	4	孔间距	设计值	mm	±2	钢尺量	
	5	孔径		mm	±2	游标卡尺检查	
	6	孔数		mm	0	观察	

4）预应力施加设备的规格、性能应符合现行国家产品标准和设计要求，进场前应检查质量合格文件和外观，检查数量为全数检查。

5）型钢组合支撑中重复使用的构件，其质量检验尚应符合下列规定：

应分批对钢材品种、规格和性能进行检查，检查数量不应少于总数的 5%，且不应少于 3 个；

标准件的局部翘曲幅度不得大于 10mm，且每米长度内翘曲部位不得大于 2 处；

螺栓和螺母应全数进行检查，不得出现裂纹，且丝牙不得出现断残、磨平。

（2）安装验收

1）在安装过程中，应根据设计和施工工况要求，确保立柱、支撑等结构的整体稳定性。必要时，应采取临时支撑或临时加固等措施。

2）水平支撑系统安装施工质量验收标准应符合表 4.4-2 的规定。

水平支撑系统安装施工质量验收标准　　表 4.4-2

项目	序号	检查项目		允许偏差		检查方法
				单位	数值	
主控项目	1	外轮廓尺寸		mm	±5	钢尺量
	2	预应力		kN	+50	油泵读数或传感器
一般项目	1	型钢支撑梁	中心标高	mm	±30	水准仪
	2		平面位置	mm	±20	钢尺量

续表

项目	序号	检查项目		允许偏差		检查方法
				单位	数值	
一般项目	3	型钢支撑梁	两端标高差	mm	L/600 且≤ 20	水准仪
	4		支撑挠度	L/1000		钢尺量
	5	型钢围檩	顶面标高	mm	±10	水准仪
	6		水平度	mm	1/1000	水准仪或水平尺
	7	三角传力件	轴线偏差	mm	±10	全站仪或经纬仪
	8		顶面标高	mm	±10	水准仪
	9	连接质量		设计要求		
	10	螺栓松紧度		N·m	≥ 105	扭矩扳手
	11	盖板系杆	尺寸规格	mm	-1	钢尺
	12		间距	mm	20	钢尺
	13	焊缝质量		设计要求		焊缝检验尺

注：L 为型钢支撑长度（mm）。

3）竖向支撑系统安装施工质量验收标准应符合表 4.4-3 的规定。

竖向支撑系统安装施工质量验收标准　　表 4.4-3

项目	序号	检查项目	允许偏差		检查方法
			单位	数值	
主控项目	1	立柱截面尺寸	mm	5	钢尺量
	2	立柱长度	mm	50	钢尺量
	3	垂直度	mm	1/150	经纬仪
一般项目	1	立柱挠度	mm	L/500	钢尺量
	2	立柱顶面标高	mm	30	水准仪
	3	牛腿顶面标高	mm	±10	水准仪
	4	牛腿水平度	mm	1/1000	水准仪或水平尺
	5	平面位置	mm	20	钢尺量
	6	平面转角	°	3	量角器
	7	托座、托架标高	mm	±5	水准仪

注：L 为型钢立柱长度（mm）。

4.4.5　工程应用

1. 工程概况

郑州综合交通枢纽东部核心区地下空间综合利用工程项目第三标段，位于郑东新区东南部，七里河南路、商鼎路、圃田路和博学路之间的围合区域，总建筑面积 98827.1m^2。工程共计地下三层，其中地下三层层高 4.20m（均为人防），地下二层层高 5.30m，地下一层层高 5.90m。

本标段范围内基坑南北向长 65 ~ 75m，东西向长约 650m，开挖总深度约 14.95 ~ 16.95m，施工内容主要包括土方开挖、钻孔灌注桩（后注浆）、水平支撑、立柱桩、降水等。基坑围护结构采用 800mm 厚“两墙合一”的地下连续墙，水平支撑采用装配式预应力型钢组合水平支撑方式。

（1）基坑周边情况

基坑北侧紧邻地铁 1 号线右线，北侧地下连续墙外边线距 1 号线右侧、左侧隧道边线分别约 26.2m、28.6m。地铁隧道与地下连续墙之间设计有钻孔灌注桩排桩，直径 1m、间距 1.2m、长度 15.05m，形成基坑稳定保护措施。基坑整体呈凹形，中部位置对应博学路地铁站，距车站处边坡底部约 6.5m，顶部 10 ~ 12m。

基坑南侧、东侧、西侧为既有地下环路主隧道及人行地道，在地下连续墙施工范围之外，地下连续墙已封闭。

（2）基坑支护及降水方式

工程支护形式：采用复合支护体系，浅层放坡开挖至地下连续墙压顶梁底部，下部采用地下连续墙围护结构结合装配式预应力型钢组合内支撑，临近地铁侧增加一道悬臂钻孔灌注桩。

基坑降水：四周地下连续墙止水帷幕止水、坑内管井降水，降水井共 142 口，观测井共 35 口。

该基坑开挖深度大于 10m。基坑安全等级为一级，侧壁重要性系数 γ_0=1.10。

2. 地质水文概况

（1）工程地质

拟建区内地层主要由人工堆填土、压实填土、全新统冲洪积层以及上更新统冲洪积层组成。全新统地层主要为粉土、粉砂以及粉质黏土，上更新层底层结构主要为粉土、粉质黏土、粉砂、细砂、中砂组成。

（2）水文地质

建场地地下水主要为第四系松散岩类孔隙潜水、第四系松散岩类孔隙承压水。孔隙承压水赋存于高程在 72.7 ~ 49.7m 范围内的粉细砂地层中，该土层富水性好，透水性强，属强透水层，具有承压性，承压水头高 12 ~ 13m，高程约 71.5 ~ 72.5m。

3. 应用效果

装配式预应力型钢组合支撑体系在郑州综合交通枢纽地下空间综合利用工程项目得到成功应用，型钢组合支撑对比采用钢筋混凝土支撑，型钢组合支撑可实现工厂化定制构件，现场组装，减少混凝土支模及养护时间，缩短施工工期；节省材料费用，所使用钢材均可回收重复利用，具有明显的造价和工期优势。

本技术不仅经济效益明显同时能够有效缩短施工周期，更早实现基坑封底减少基坑暴露时间，能够更好地保证基坑安全。同时，技术能实现型钢结构的回收利用，节能环保效益明显，具有良好的社会环境效益。

4.5 钻孔咬合灌注桩施工关键技术

4.5.1 技术概况

钻孔咬合灌注桩是采用旋挖钻机 + 普通水下混凝土进行施工，使桩与桩之间形成相互咬合排列的一种基坑围护结构。桩的排列方式为一根不配筋的素混凝土桩（A 桩）和一根钢筋混凝土桩（B 桩）间隔布置。施工时，先施工 A 桩，后施工 B 桩，在 A 桩混凝土终凝之前，切割掉相邻 A 桩相交部分的混凝土，完成 B 桩的施工，从而实现咬合，如图 4.5-1 所示。

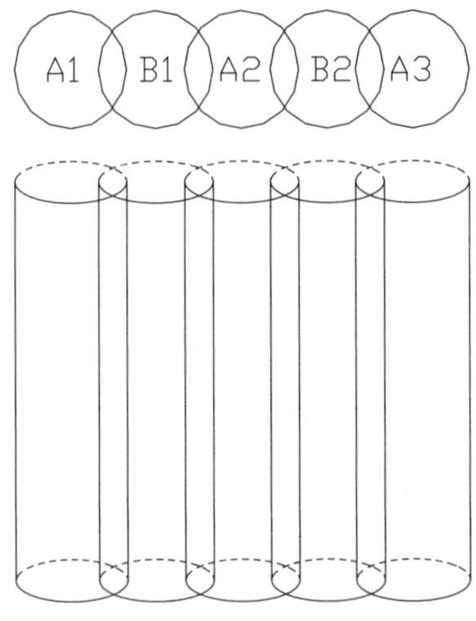

图 4.5-1 钻孔咬合灌注桩示意图

钻孔咬合灌注桩施工关键技术适用于在密集的建筑群中施工基坑、对周围沉降有严格限制，施工场地地表水系发育、对围护结构抗渗性能有较高要求的临时基坑支护工程。

4.5.2 技术特点

（1）钻孔咬合灌注桩形成的基坑围护结构具有良好的整体连续防水、挡土效果，相对排桩支护，无需另行施工高压旋喷桩等桩间止水帷幕。

（2）采用砂浆替代超缓混凝土作为素性桩填充材料，在保证其止水性能的同时，工程造价也大大降低。

（3）旋挖钻机施工相比全套管冲抓斗钻机施工，大大降低施工成本。

4.5.3　工艺流程

钻孔咬合灌注桩施工工艺流程见图 4.5-2。

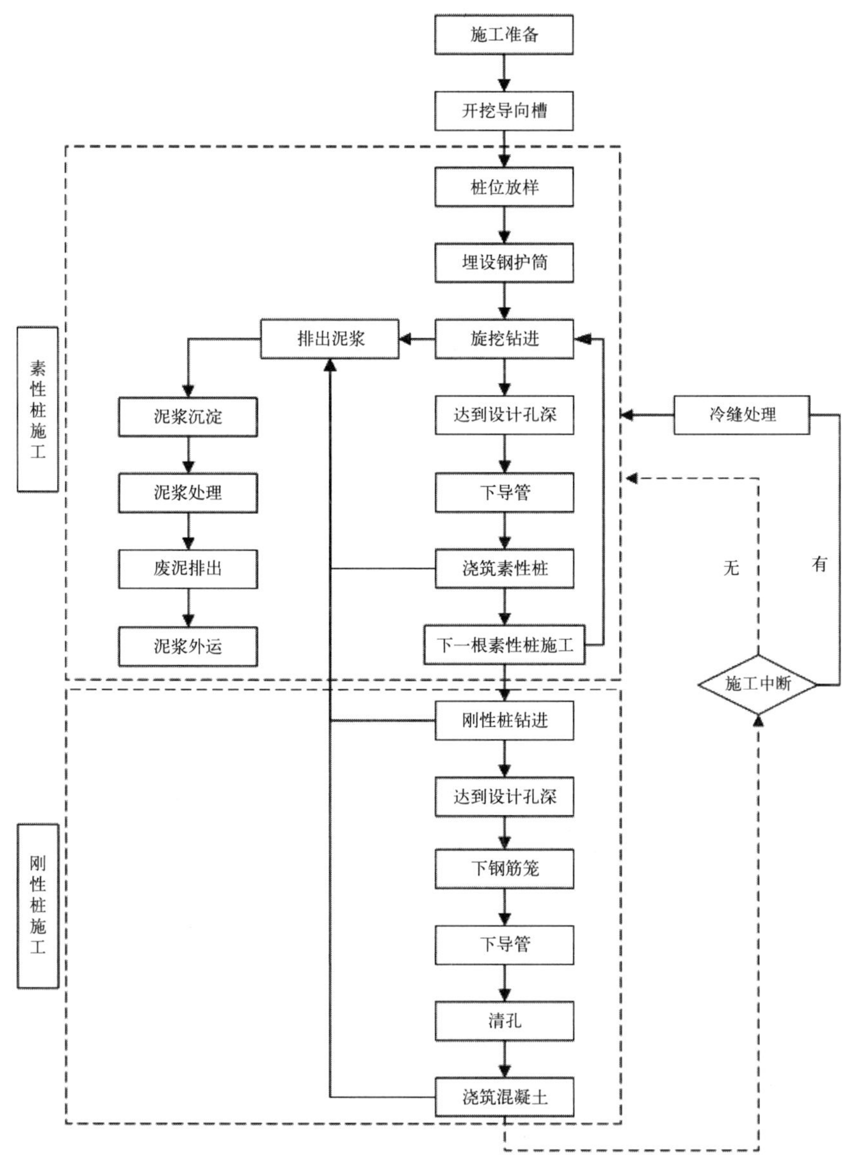

图 4.5-2　钻孔咬合灌注桩施工工艺流程图

4.5.4　技术要点

1. 施工准备

(1) 机具选择

根据施工需要选择合适的旋挖钻机，并在施工钻进过程中，根据地层情况，合理选用不同钻头，提高施工效率。

（2）素性桩填充材料确定

素性桩填充材料采用 M20 砂浆，既能够保证桩身强度，在刚性桩施工时不塌孔；同时，由于砂浆强度增长速度比混凝土慢，也可以保证刚性桩施工时，不致因素性桩强度太大而导致斜孔，进而引起咬合桩下部“开叉”。

（3）施工顺序确定

在刚性桩成孔过程中，需保证相邻素性桩达到初凝、具备一定强度不致塌孔，同时避免素性桩已终凝，强度过高造成刚性桩进尺缓慢。

通过试验确定素性桩填充材料的初凝及终凝时间，并结合单桩实际施工用时，通过比选确定施工顺序为：A1 → A3 → A5 → A2 → A4 → A6 → B1 → B2 → B3 → B4 → B5，并以此类推，直至施工结束，如图 4.5-3 所示。

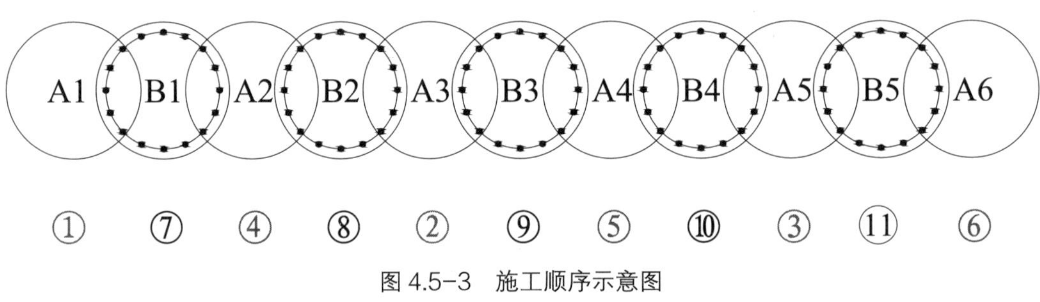

图 4.5-3　施工顺序示意图

（4）材料供应

咬合灌注桩作为整体连续防水挡土结构，对施工连续性有着很高要求。宜选择两家商品混凝土公司供应混凝土，避免因不利因素导致混凝土供应不及时，造成施工中断。材料员与施工员编制每日施工进度计划及材料采购计划，提前与商品混凝土公司联系，确保优先供料。

（5）场地布置

规划行车路线时，使便道与钻孔位置保持一定的距离；以免影响孔壁稳定；旋挖钻机属大型机械，对地基承载力要求较高，为满足其行驶要求并保证施工期间安全，宜采用砖渣进行铺填，并将场地平整夯实，以免产生不均匀沉陷；旋挖钻机的安置应考虑钻孔施工中孔口出土清运的方便。

（6）测量基准点复核

工程施工前应做好前期测量点位复核，并记录放样数据备案；外围轮廓线根据建设单位提供的建筑物控制点组成控制网。应将控制点引测到桩机施工影响区以外，并用混凝土周边保护，为了确保控制网的恢复，应将控制轴线引到场地四周以外不受施工影响的区域，并用混凝土周边保护，红油漆作好标记。

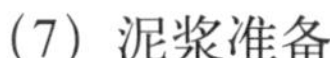

（7）泥浆准备

泥浆以黄土造浆为主，如施工需要泥浆供应不足时选用高塑性黏土来制备，泥浆控制相对密度在 1.1 ~ 1.3，泥浆搅拌取样送检合格后开钻。泥浆泵设专人看管，对泥浆的质量和浆面高度随时测量和调整，停钻时及时补充泥浆，随时清除沉淀池中的杂物保持纯浆循环供应不中断，防止塌孔和埋钻。

2. 开挖导向槽

根据放样出的咬合桩围护中心线，用挖掘机沿围护中心线平行方向开掘工作沟槽，沟槽宽度根据咬合桩直径确定，槽宽约 1.2m，深度为 0.6 ~ 1.0m。

在平行沟槽方向放置两根定位型钢，规格为 300mm × 300mm，长为 8 ~ 12m，定位型钢必须放置固定好，必要时用点焊进行相互连接固定；H 型钢定位采用型钢定位卡。

3. 咬合桩定位

按“从整体到局部的原则”进行桩基的位置放样，采用全站仪准确放样各桩点的位置，使其误差在规范要求内，避免因测量误差导致咬合桩搭接长度过小，引起咬合失效。进行钻孔的标高测量时，应及时对放样的标高进行复核。

4. 埋设护筒

埋设钢护筒时应通过定位的控制桩放样，把钻机钻孔的位置标于孔底。再把钢护筒吊放进孔内，找出钢护筒的圆心位置，然后移动钢护筒，使钢护筒中心与钻机钻孔中心位置重合。同时用水平尺或垂球检查，使钢护筒垂直，确保护筒埋设的精度及垂直度。现场护筒埋设见图 4.5-4 所示。

图 4.5-4　护筒埋设现场施工图

5. 桩机就位

桩机就位时，要事先检查桩机的性能状态是否良好，保证桩机工作正常。

保证桩位附近平整，将旋挖钻机开到桩位旁，旋挖钻头的尖端正对桩位标注点，误差控制在 2cm 内，保证咬合效果。钻孔前调平钻机，保持钻机垂直稳固，并检查在回转半径是否有障碍物影响回转。

6. 咬合桩钻进成孔

（1）开孔阶段：成孔中心必须对准桩位中心，钻孔机必须保持平稳，不能发生倾斜和沉陷。开钻前将钻头着地，进尺深度调整为零。钻进时原地顺时针旋转开孔，然后以钻斗自重、钻杆自重加以液压力作为钻进压力，初钻压力控制在 90kPa 左右，钻速先慢后快，并及时加黏土泥浆护壁。

（2）钻进过程中应注意对照地质勘察报告，在松软土层钻进时，应根据泥浆补给情况控制钻进速度，在硬层或岩层中的钻进速度要严格控制。不同地质条件应选配不同类别的旋挖钻机钻头进行施工。根据钻机带渣情况可以判断地层情况，典型地层留取样品并与勘察报告对比有无差异。

（3）在钻孔、排渣或因故障停钻时，应始终保持孔内泥浆面应高出地下水位 1.5m 以上，并采用泥浆泵不停地往孔内输送泥浆，以确保孔内泥浆相对浓度稳定。

现场咬合桩钻进成孔如图 4.5-5 所示。

图 4.5-5　咬合桩现场钻进成孔图

7. 终孔

咬合桩钻进至深度满足设计要求后，通知有关人员验收，符合设计要求方能终孔。

8. 成孔后桩机移机

正常成孔后，桩机移动至下一个桩位重复上述工序流程。

9. 吊车就位

桩机移开后，吊车就位架起。

10. 刚性桩安放钢筋笼

（1）钢筋笼的吊装必须在孔深、孔径、垂直度、孔底沉渣等经现场质检员和甲方现场监理人员确认符合要求后进行。钢筋笼水平搬运平起平放，口号一致，每间隔 4.0m 在加劲筋与主筋交叉处至少有一个支撑点，受力应均衡，防止钢筋笼变形。

（2）钢筋笼起吊，起吊力点至少要有 2 个，分别在钢筋笼全长靠端的 1/4 和 3/5 处，起吊必须缓慢平衡，起吊钢丝绳 $\phi16$，用卸扣与钢筋笼连接，并应专人指挥。

（3）钢筋笼下入孔内时，应对正桩孔中心，下放过程要轻缓，以免损伤孔壁。围护桩的钢筋笼方向一定要按设计要求标准无误。

（4）如吊装下孔中遇阻，不得强行下入，要分析其原因（如缩径、倾斜或探头石等），待处理完好后再下入，同时认真计算吊筋长度，确保钢筋准确下达到设计位置。

现场刚性桩钢筋笼吊放如图 4.5-6 所示。

图 4.5-6　刚性桩钢筋笼现场吊放图

11. 下灌注导管

（1）导管法兰连接需装密封胶垫和 O 形密封圈，胶垫厚度为 5mm，O 形密封圈直径 5mm，法兰盘与导管连接应加焊三角形加劲板，防止法兰盘挂住钢筋笼。导管的选用及埋管参数见表 4.5-1。

导管的选用及埋管参数表　　　表 4.5-1

导管直径（mm）	初灌导管埋深（m）	灌注导管埋深（m）	初灌导管底部距孔底距离（m）
$\phi280$	≥ 0.8	2 ~ 6	0.3 ~ 0.5

（2）导管使用前要拼接，必须进行密封性水试压，试水压力为 0.6 ~ 1.0MPa，不漏水、不冒气为合格，内壁光滑平整，法兰盘螺眼分布均匀，每个螺眼到导管中心距相等。导管尺寸偏差应符合：轴线偏差 < 1%，长度偏差 < 1%，连接部内径偏差 < 2mm。

（3）安装浇筑架，吊放导管，可利用卷扬机吊套管上，每次接管为 1 ~ 7m，接至高出孔深 1m 左右，接泥浆泵开始清孔，清孔完成后开始灌注混凝土。

12. 清孔

（1）钢筋骨架、导管安放完毕，混凝土浇筑之前，应采用正循环进行清孔，如图 4.5-7 所示。

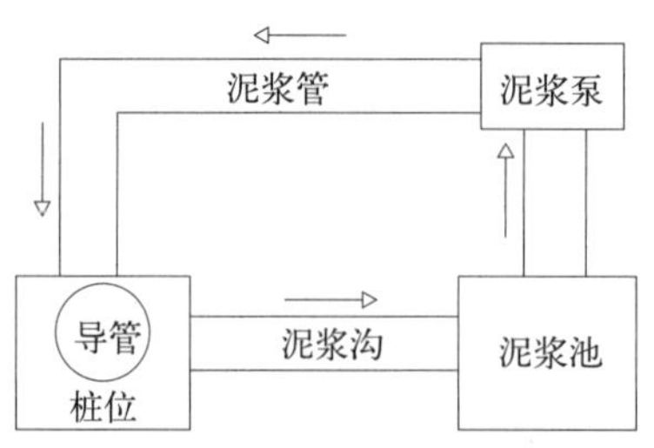

图 4.5-7　正循环清孔示意图

（2）测定孔底沉渣，应用测锤测试，测绳读数一定要准确，用 3 ~ 5 孔必须校正一次，沉渣厚度小于 100mm。

（3）清孔结束后，要尽快灌注混凝土，间隔时间不能大于 30min。

（4）清孔后的沉渣厚度和泥浆性能指标应满足设计要求。

13. 灌注混凝土（砂浆）

咬合桩刚性桩填充材料采用 C30 水下混凝土，素性桩填充材料采用 M20 砂浆，均采用商品混凝土（砂浆），混凝土（砂浆）运输到工地必须提供商品混凝土（砂浆）出厂合格证，浇筑混凝土（砂浆）前必须进行混凝土（砂浆）开盘鉴定，坍落度值必须满足设计要求：

（1）开始灌注时，导管下到距孔底 300 ~ 500mm 处。

（2）隔水栓用 8 号钢丝悬挂于导管内泥浆面上 5 ~ 30cm，在导管中的隔水栓上部先灌入同设计混凝土（砂浆）强度等级的水泥砂浆 0.2 ~ $0.3m^3$，以便剪断钢丝后隔水栓在导管下行顺畅，不被卡住。

（3）混凝土（砂浆）浇筑过程的控制如下：

1）初灌量根据圆柱体积和混凝土与泥浆压力比计算，充分利用初灌量的势能冲开残余孔底少许沉渣。保证首次埋管 0.8 ~ 1.2m。

2）剪球时应观察孔内返浆是否畅通，灌注中及时测量导管内外混凝土面高度，且确保导管在孔内埋管深度不少于 2m。

3）灌注过程中出现不顺畅时，应上下提动导管，提动高度应适当，不得将导管提离混凝土面。

4）卸管时，提升导管缓慢，并应反插，确保混凝土密实，同时用测绳测出桩与地面的深度，结合标高准确算出桩顶标高。

5）由施工员负责测量混凝土（砂浆）面高度并做好记录，随时提供导管提升高度与灌注量。

6）水下混凝土（砂浆）灌注要连续，不得中途停顿。为确保桩头质量，咬合桩超灌 1m，灌注结束后，及时将导管冲洗干净，并做相应检查。

7）每根桩必须进行坍落度测定，随机抽取一组（三块）混凝土试块并按时送试验室做标养抗压强度试验。

咬合桩混凝土灌注如图 4.5-8 所示。

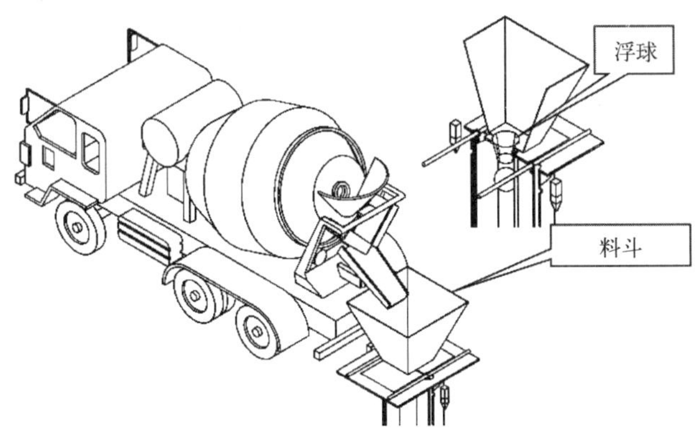

图 4.5-8　咬合桩混凝土灌注示意图

14. 成桩后吊车移位

正常成桩后，吊车移动至下一个桩位重复上述工序流程。

15. 泥浆排放处理

泥浆排放是确保文明施工的关键环节，因此，泥浆循环系统必须定期清理，确保文明施工。泥浆池实行专人管理、负责。

泥浆不得排放到路边或市政雨、污管道中，对泥浆循环和沉淀池的渣土（砂性土），定期外租一台抓斗机进行打捞。并用泥浆车外运到施工区域以外业主指定排放场地。

16. 冷缝处理

在钻孔咬合灌注桩施工过程中，因机械设备故障等原因，造成咬合桩施工中断形成冷缝，在后期开挖时易沿冷缝引起漏水。冷缝的处理主要有如下方法：

（1）平移桩位单侧咬合

B 桩成孔施工时，其一侧 A1 桩的混凝土已经凝固，使旋挖钻机不能按正常要求切割咬合 A1、A2 桩。在这种情况下，宜向 A2 方向平移 B 桩桩位，使旋挖钻机单侧切割 A2 桩施工 B 桩，并在 A1 桩和 B 桩外侧另增加一根旋喷桩作为防水处理，如图 4.5-9 所示。

（2）背桩补强

B1 桩成孔施工时，其两侧 A1、A2 桩的混凝土均已凝固，在这种情况下，则放弃 B1 桩的施工，调整桩序继续后面咬合桩的施工，以后在 B1 桩外侧增加 3 根咬合桩及两根旋喷桩作为补强、防水处理。在基坑开挖过程中将 A1 及 A2 桩之间的夹土清除喷上混凝土即可，如图 4.5-10 所示。

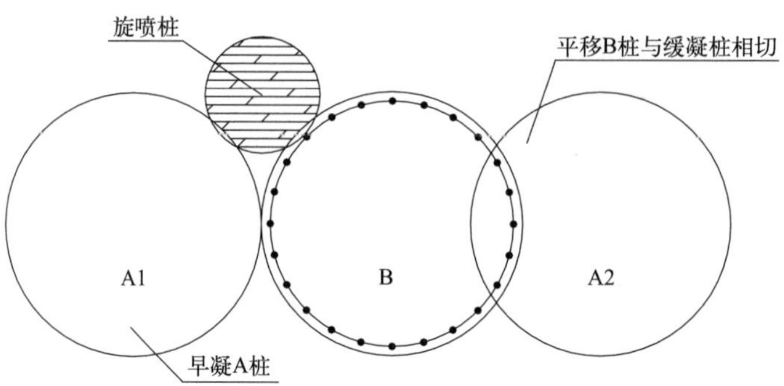

图 4.5-9　平移桩位单侧咬合示意图

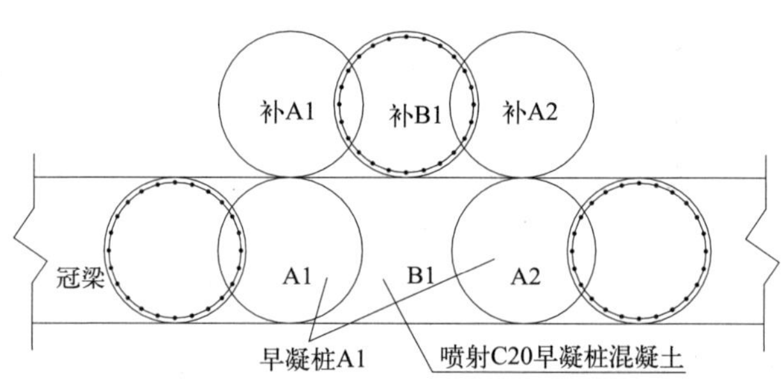

图 4.5-10　背桩补强示意图

17. 质量控制

混凝土灌注桩钢筋笼制作质量检验标准见表 4.5-2。

混凝土灌注桩钢筋笼制作质量检验标准　　表 4.5-2

项目	序号	检查项目	允许偏差或允许值（mm）	检查方法
主控项目	1	主筋间距	±10	用钢尺量
	2	长度	±100	用钢尺量
一般项目	1	钢筋材质检验	设计要求	抽样送检
	2	箍筋间距	±20	用钢尺量
	3	直径	±10	用钢尺量

混凝土灌注桩桩身质量检验标准见表 4.5-3。

混凝土灌注桩桩身质量检验标准　　表 4.5-3

项目	序号	检查项目	允许偏差或允许值		检查方法
			单位	数值	
主控项目	1	桩位	详表 4.5-4		基坑开挖前量护筒，开挖后量桩中心
	2	孔深	mm	+300	只深不浅，用重锤测，或测钻杠、套管长度、嵌岩桩应确保进入设计要求的嵌岩深度

续表

项目	序号	检查项目	允许偏差或允许值		检查方法
			单位	数值	
主控项目	3	桩体质量检验	按基桩检验计技术规范，如钻芯取样，大直径嵌岩桩应钻至桩尖下 50cm		按现行《建筑基桩检测技术规范》JGJ 106
	4	混凝土强度	设计要求		试件报告或钻芯取样送检
	5	承载力	按基桩检验技术规范		按基桩检验技术规范
一般项目	1	垂直度	详表 4.5-4		测套管或钻杆，或用超声波探测，干施工时吊垂球
	2	桩径	详表 4.5-4		井径仪或超声波检测，干施工时用钢尺量
	3	泥浆密度（黏土或砂性土中）	1.15 ~ 1.20		用比重计测，清孔后在距孔底 50cm 处取样
	4	泥浆面标高（高于地下水位）	m	0.5 ~ 1.0	目测
	5	沉渣厚度： 端承桩 摩擦桩	 mm mm	 ≤ 50 ≤ 150	用沉渣仪或重锤测量
	6	混凝土坍落度	mm	160 ~ 220	坍落度仪
	7	钢筋笼安装深度	mm	± 100	用钢尺量
	8	混凝土充盈系数	> 1		检查每根桩的实际灌注量
	9	桩顶标高	mm	+30 −50	水准仪，需扣除桩顶浮浆层及劣质桩体

混凝土灌注桩的平面位置和垂直度的允许偏差见表 4.5-4。

混凝土灌注桩平面位置和垂直度的允许偏差　　表 4.5-4

序号	成孔方法		桩径允许偏差（mm）	垂直度允许偏差（mm）	桩位的允许偏差	
					1 ~ 3 根、单排桩基垂直于中心线方向和群桩基础的边桩	条形桩基沿中心线方向和群桩基础的中间桩
1	泥浆护壁冲孔桩	$D \leqslant 1000$mm	± 50	< 1	D/6，且不大于 100	D/4，且不大于 150
		$D > 1000$mm	± 50		100+0.01H	150+0.01H
2	套管成孔灌注桩	$D \leqslant 500$mm	−20	< 1	70	150
		$D > 500$mm			100	150

注：H 为施工现场地面标高与桩顶设计标高的距离，D 为设计桩径。

4.5.5 工程应用

1. 工程概况

海峡文化艺术中心基坑支护工程地处福州市仓山区城门镇，场地为原梁厝河、鱼塘经后期人工回填砂形成。场地东侧紧邻闽江；场地北、西侧及中部为鱼塘、原梁厝河及菜地，其中原梁厝河贯穿拟建的多功能厅、歌剧院及2号能源中心；场地南侧为茶叶公司和船舶修造厂。本工程施工咬合桩桩数300根，其中刚性混凝土桩150根采用C30水下混凝土，素性混凝土桩150根采用M20砂浆，桩径均采用900mm、桩间距1300mm。

2. 地质水文概况

（1）工程地质

根据野外钻探取芯肉眼鉴别，结合现场原位标准贯入试验、重型圆锥动力触探试验及室内土工试验成果分析表明，拟建场地现以人工堆填细砂为主，标高约为5.8～6.2m。在钻探控制深度内，场地岩土层按其成因及力学强度不同可分为10层，具体地层特征描述见表4.5-5。

地层特征描述表　　表4.5-5

层号	层名	范围值（m）		岩性描述	
		层厚	层顶埋深	颜色	状态
①-1	细砂	0.40～6.20	2.64～6.61	灰黄色	松散
①-2	素填土	0.40～4.10	5.04～7.04	灰黄色	可塑
①-3	杂填土	1.00～5.30	4.78～7.00	浅灰色	松散 - 稍密
①-4	块石	1.00～9.60	4.14～7.42	杂色	中密 - 密实
②	黏土	0.80～4.10	2.09～6.55	灰黄色	可塑
③	淤泥夹砂	0.50～13.30	−1.78～5.40	深灰色	流塑
④	粉砂夹淤泥	1.10～15.10	1.80～14.50	灰色	松散 - 密实
⑤	淤泥夹砂	1.30～33.20	−16.06～4.36	深灰色	流塑
⑥-1	粉质黏土	0.90～8.40	−33.14～−8.88	灰黄色	可塑
⑥-2	粉砂	0.50～18.70	−33.93～−5.52	灰黄色	稍密 - 中密

（2）水文地质

场地表水系较发育，场地东侧为闽江，内河（原梁厝河）与闽江相连，其中原梁厝河由东往西再向南，几乎贯穿整个场地，且在场地内分布有大面积的池塘，水深约1.0～2. 0m，西南侧菜地内有地表积水及小水渠，水深为0.10～0.20m。现场地内的地表水受闽江潮汐影响较大，潮差约5m，退潮后拟建场地红线范围内沿岸滩涂基本

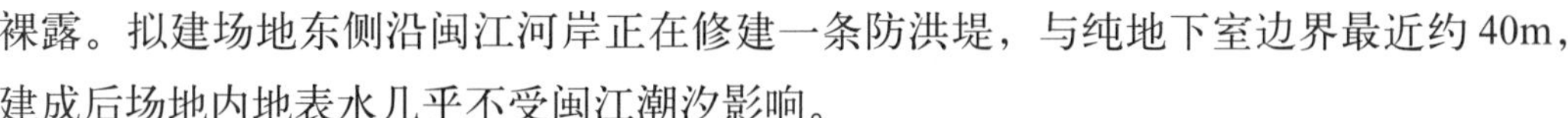

裸露。拟建场地东侧沿闽江河岸正在修建一条防洪堤，与纯地下室边界最近约 40m，建成后场地内地表水几乎不受闽江潮汐影响。

3. 应用效果

海峡文化艺术中心基坑支护工程，钻孔咬合灌注桩是采用旋挖钻机 + 普通水下混凝土进行咬合桩的施工，使桩与桩之间形成相互咬合排列的一种基坑围护结构，具有良好的整体连续防水、挡土效果。与普通钻孔支护排桩相比，更具良好的止水性能，无需另行施工高压旋喷桩等桩间止水帷幕；同时，采用刚、素性混凝土桩间隔布置的排列方式，相较地下连续墙，大大降低配筋率。通过采用砂浆作为素性桩填充材料，确定合理施工顺序及工艺，保证支护效果，具有施工质量高、综合经济效益好等特点。

采用钻孔咬合灌注桩施工关键技术成功提高了施工效率，减少了施工工期，提高了咬合桩支护效果。工程质量满足现行规范要求，且节约了施工成本，具有良好的社会和经济效益。

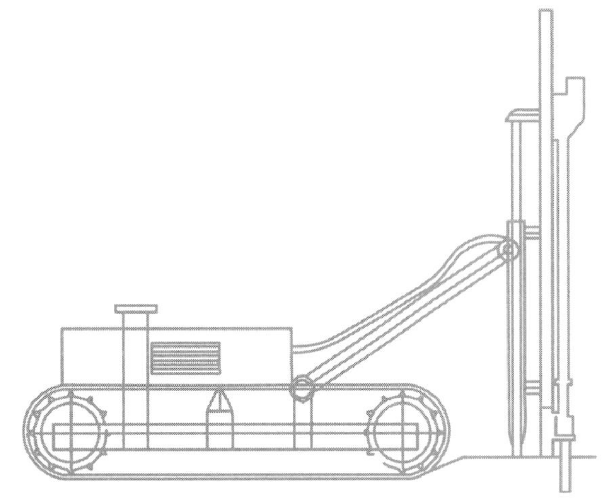

第 5 章　复杂环境下基坑支护关键技术

在城市深基坑工程施工过程中，由于城市地下管线密集、交通道路复杂、周边建（构）筑物较多等，对深基坑工程施工提出了更高的要求。如何做好复杂环境条件下的基坑工程施工，避免对周边环境造成影响成为当前重要的课题。本章从技术概况、技术特点、工艺流程、技术要点等多方面总结了老旧防空洞条件、建筑基础高差错接条件、受限空间条件、复杂地质条件等复杂环境条件下基坑支护关键技术，成功解决了基坑工程施工中遇到的技术难题，并取得良好的应用效果，以期为类似环境条件基坑支护提供参考和借鉴。

5.1 基坑支护遇老旧防空洞钢护筒施工关键技术

5.1.1 技术概况

随着城市建设的持续发展，老城区拆改、旧城改造项目越来越多，高层、超高层建筑越来越普遍，在新项目建设过程中，基坑开挖支护经常会遇到早期城市建设遗留的废弃防空洞。由于老旧防空洞大部分年代久远，相关资料缺失，给施工处理带来了很大困难。尤其是当防空洞重叠或穿过支护面时，在支护桩施工阶段防空洞高程、走向很难确定。采用正循环钻机进行支护桩钻孔时，护壁用泥浆无法回流至泥浆池，不能进行正常钻孔，钻孔深度无法达到设计孔深；采用旋挖机钻孔，桩孔形成后，在混凝土灌注时，混凝土会进入防空洞内，无法浇筑到设计桩顶标高；采用开挖回填方式进行处理，因防空洞一般埋深较大，挖掘机不能一次开挖至防空洞位置，且土方量较多，耗时较长，易对周边建筑造成不利影响，处理费用较高且工期较长，不确定性比较大。

基坑支护遇老旧防空洞钢护筒施工技术使用钢护筒作为支护桩桩身模板连接防空洞上部和下部，从而消除地下防空洞等结构对支护施工带来的影响。使用加工好的钢护筒作为桩身模板，将防空洞等地下结构的上部和下部有效连接，从而避开地下结构给支护桩施工带来的不利影响。当支护桩钻孔钻至防空洞下 2m 时，停止钻孔作业，采用扩孔器将贯通防空洞的钻孔进行扩孔处理，然后将与扩孔后直径相同的钢护筒底部放置在防空洞下 1m 处，钢护筒突出防空洞上部 1m，从而形成贯通防空洞的桩身模板。钢护筒的上下两侧焊接止水环，防止施工过程中出现渗漏，然后使用原直径钻杆进行钻孔，钢护筒由于周围土体的作用被固定在原位置，从而在浇筑桩身混凝土时起到模板的作用。

基坑支护遇老旧防空洞钢护筒施工关键技术适用于基坑支护施工中支护桩施工范围内遇城市废弃防空洞、地下综合管廊、软弱夹层等情况下的支护桩及预应力锚索施工。

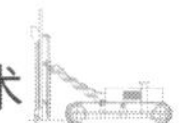

5.1.2　技术特点

（1）工程量较小、绿色环保。在支护桩施工至防空洞位置时，用扩孔器扩孔后直接安装钢护筒，施工方便快捷。相对于传统的土方开挖换填，有效地减少了工程量，同时减少了大量二次土方作业，施工方法绿色环保。

（2）施工速度快，节约工期。钢护筒可以根据探明防空洞高度及设计桩径进行预制，在进行初探探明防空洞位置后，采用旋挖钻机扩孔，安装钢护筒，支护桩施工便可继续正常进行。根据现场测定，从探明防空洞到扩孔、安装钢护筒、打桩，每处约花费时间 2 ~ 3h，采用土方开挖换填，预估每处花费时间在 12h 以上，采用钢护筒施工方法有效节约了工期。

（3）降低施工成本。支护桩遇老旧防空洞钢套筒的运用，减少了土方开挖、倒运和换填，减少了人工、机械投入，既节约了成本又缩短了工期。

（4）降低了对周围环境的影响。老旧防空洞多分布于老城区或城市中心区域，基坑一般距周边建筑较近，如防空洞从原有建筑下方穿过或距原有建筑较近，很多情况下处理防空洞不具备开挖换填的条件，采用扩孔加设钢套筒的方法，有效避免了开挖对周边建筑的影响，且减少了二次土方作业，有效避免了扬尘和环境污染。

5.1.3　工艺流程

基坑支护遇老旧防空洞钢护筒施工工艺流程见图 5.1-1。

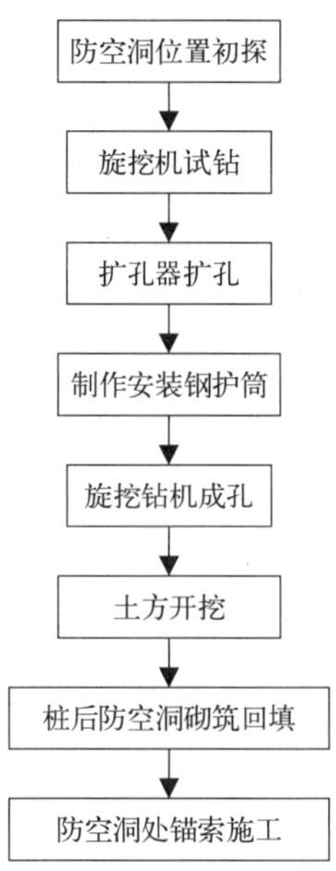

图 5.1-1　基坑支护遇老旧防空洞钢护筒施工工艺流程图

5.1.4 技术要点

1. 防空洞位置初探

（1）根据施工前期了解的场地情况，结合地勘报告以及城建档案馆、项目所在地人防办公室档案资料，初步了解场内防空洞的分布情况。

（2）在条件允许的情况下，利用仪器对防空洞分布的具体情况进行测绘，测定防空洞的位置、高程，弄清防空洞的结构构造。必要时可根据防空洞的大概位置，结合场内土方开挖情况，对场内防空洞进行试挖，找到防空洞入口，方便进行测量定位。

（3）绘制出防空洞分布、高程以及断面图，判断基坑剖面与防空洞的位置关系，为施工提供参考依据。

2. 旋挖机试钻

（1）对防空洞的测量定位图与桩位图进行对照，预判受防空洞影响的支护桩，现场测量定位出支护桩桩位。

（2）在防空洞分布区域，钢护筒埋设就位后，采用旋挖钻机正常钻进。如施工过程中未遇到防空洞影响，则按照支护桩正常施工流程施工；如施工过程中钻机钻进遇到防空洞影响，则旋挖钻机钻进至防空洞洞底标高以下 2m，停止钻进，并拔出钻杆。

3. 安装扩孔器

如旋挖钻机在钻进过程遇到防空洞，钻机钻进至防空洞洞底标高以下 2m，拔出钻杆后，重新定位桩顶护筒，安装比原护筒直径大 0.2m 的新护筒。旋挖钻机更换比原桩径大 0.2m 的钻头，与原桩的中心对中，扩孔至防空洞底向下 1.0m，拔出钻杆。

4. 制作、安装钢护筒

钢护筒采用 5mm 厚钢板焊接而成，钢护筒直径与扩孔器直径相同，即比原桩径增加 0.2m；钢护筒高度为防空洞洞高上下各增加 1m；钢护筒外侧上下端焊 3mm 厚 20mm 宽止水环。钢护筒安装前人工测量施工面至防空洞洞顶的高度，在钢护筒外侧焊 4 根直径 20mm 的钢筋作为护筒吊杆，桩孔上部设水平井字形槽钢支架，护筒吊杆通过焊接固定于井字架上，待支护桩混凝土浇筑完成后割断吊杆，井字架重复利用。钢护筒如图 5.1-2 所示，钢护筒与防空洞位置关系如图 5.1-3 所示。

图 5.1-2　钢护筒模拟效果图

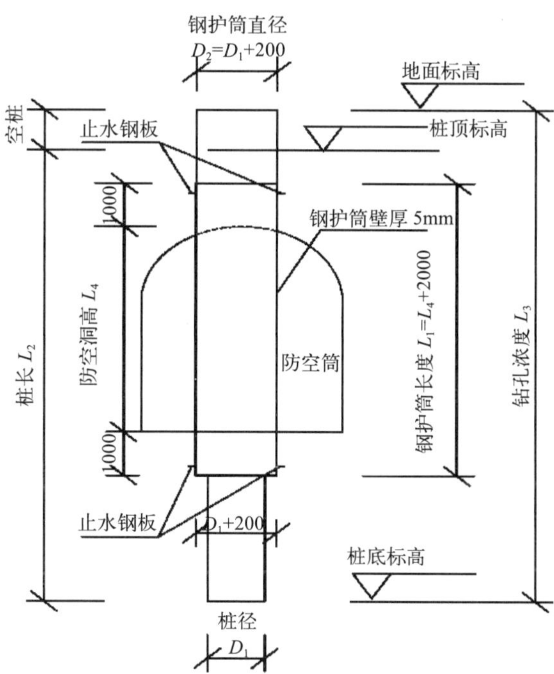

图 5.1-3　钢护筒与防空洞位置关系示意图

5. 旋挖钻机成孔

（1）钢护筒安装完毕后，采用旋挖钻机，选用与桩径相符的钻头并施工到设计孔深。

（2）安放钢筋笼，在防空洞以上扩孔部分钢筋笼四周间距 500mm 焊定位筋，防止钢筋笼在扩孔部分移位。

（3）支护桩混凝土浇筑。

6. 土方开挖

（1）支护桩施工完成后，按照正常工艺流程进行土方开挖，同时随着土方开挖深度进行冠梁及预应力锚索施工。施工过程中应采取保证基坑周边建筑物安全的开挖措施，每层开挖控制在 3m，待该层锚索及支护全部施工完成后方可进行下一层土方开挖。

（2）待土方开挖至防空洞底标高时，进行防空洞的封填处理。

7. 桩后防空洞砌筑回填

在防空洞内部靠基坑外一侧距桩孔 2m 处用 M10 灰砂实心砖砌筑 370mm 厚砖墙，待支护桩施工完成，土方开挖至防空洞位置，采用 C10 发泡混凝土注浆进行桩后回填。

8. 防空洞处锚索施工

锚索施工阶段，分为下列几种情况：

（1）锚索与防空洞不相交，锚索采用正常施工工艺。

（2）锚索穿过防空洞，自由段与防空洞相交，锚固端位于防空洞以外的土体内。锚索钻孔时，采用比索孔直径大 50mm 的套管跟进，使锚索和注浆管穿过防空洞。

（3）当锚索锚固段局部或全部位于防空洞内时，调整锚索的长度，使锚索锚固段全部进入土体内，或通过调整锚索数量或位置，将穿防空洞处的腰梁锚索调整至防空洞竖向截面上下各一排，以避开锚索穿防空洞施工。

9. 质量控制

（1）原材料和零配件的品种、规格、型号要应符合设计要求。

（2）护筒制作采用比设计桩径大 0.2m 的螺旋钢管，壁厚不得小于 3.5mm。护筒的外止水环与护筒必须满焊。护筒的长度偏差不得大于 20mm。当护筒采用钢板制作时，钢护筒曲度偏差不得大于 10mm。

（3）型钢切割尺寸要精确，切割后端部要用砂轮机进行打磨，避免出现毛刺。

（4）制作时型钢有多种型号，拼装组合时要严格按照图纸进行。

（5）严格按照制作工序进行，不得违反工序强行硬插入构配件。

（6）组装时不得硬砸硬撬，以免损坏构配件表面。

（7）原材料、半成品、成品要分类标识堆放，不得用锐器直接参与在原材料、半成品、成品上做标记。

（8）制作过程中质检员要进行过程抽检，分批验收。

5.1.5　工程应用

1. 工程概况

大观商贸中心项目位于郑州火车站商圈最核心地段，西临钱塘路，北临菜市街，南临东三马路，是集“时尚产品销售、品牌展示、贸易办公、电子商务、娱乐餐饮休闲、酒店会展”等复合功能于一体的大型展贸综合体项目。项目总占地面积为 40852m^2，总建筑面积约 51 万 m^2。二期总建筑面积约 19 万 m^2，其中地上建筑面积约 13.4 万 m^2，地下建筑面积约 5.6 万 m^2。基坑底标高 −18.0 ~ −20.8m。主楼基础为 CFG 桩复合地基 + 筏板基础，地下车库基础为天然地基 + 筏板基础。

经现场勘查，基坑开挖范围内无管线，郑州市第三人民医院病房楼、七层废弃家属楼等周边建筑物亦无地下管线伸入到基坑范围内。本场地内有地下防空洞，东西走向和南北走向，相互贯通，范围比较广，具体范围不详；对已发现进行现场测绘，防空洞洞底标高为 −8m，防空洞主洞高度为 2.1m，副洞高度为 2.7m，防空洞洞体为 500mm 厚烧结黏土砖拱洞。场内废旧防空洞如图 5.1-4 所示。

2. 地质水文概况

（1）工程地质

依据勘察报告，场地距地表 75.0m 范围内的地层，岩性全部为第四系松散沉积物。勘探深度范围内的地层分为 13 个工程地质层，场地土层分布及物理性质指标见表 5.1-1。

图 5.1-4　场内废旧防空洞现场图

土层分布及物理性质指标　　表 5.1-1

层号	层名	重度（kN/m³）	黏聚力（kPa）	内摩擦角（°）	地基承载力（kPa）	压缩模量（MPa）
①	杂填土	18.0	5.0	10.0	—	—
②	粉土	17.4	14.0	27.0	120	7.1
③	粉土	18.1	14.0	28.0	150	10.1
④	粉土	18.3	15.0	29.0	140	9.1
⑤	粉质黏土	18.4	26.0	17.0	200	8.0
⑥-1	粉土	18.3	15.0	29.0	240	16.5
⑥	粉砂	18.5	1.0	30.0	270	22.0
⑦-1	粉质黏土	18.5	25.0	17.0	240	9.6
⑦	粉土	18.4	15.0	29.0	250	17.0
⑧	粉质黏土	18.5	29.0	18.0	240	9.6
⑨	粉质黏土	18.6	29.0	18.0	260	10.5

（2）水文地质

场地地下水类型为潜水，枯水期地下水初见水位在现地表下 18.90 ~ 20.4m（绝对标高 83.20 ~ 83.52m），稳定地下水位埋深在现地面下 19.80 ~ 23.40m（绝对标高为 81.75 ~ 82.85m），基础施工阶段需进行基坑降水。

3. 应用效果

中部大观商贸中心一期项目和二期项目采用基坑支护遇老旧防空洞钢护筒施工关键技术，与传统工艺相比：施工方便简单，无须对土体开挖和回填，施工速度快，节省工期；降低施工成本，与大开挖后回填土施工工艺相比，大大节约了人工费和机械费，节约成本；绿色环保，减少了土方开挖和回填，减少了现场的扬尘污染及机械设备的噪声污染。总体上符合低碳、节能、减排要求，推广应用前景广泛，经济和社会效益明显。

5.2 高差错接深基坑支护施工关键技术

5.2.1 技术概况

北京市海淀区苏家坨镇北安河定向安置房西区 17 号地块主楼与地下车库竖向错位连接。主楼地下两层，筏板标高为 -7.900m；地下车库地下三层，顶板标高 -4.05m，筏板标高 -16.870m。主楼地基为 CFG 桩复合地基，地下车库地基为天然地基，主楼地下二层与车库地下二层结构连接，共用剪力墙，如图 5.2-1 所示。土方开挖、基坑支护等施工难度加大，且主楼结构受地基临边深基坑的影响不能单独施工，必须待地下车库主体完成到同一标高后方可施工。

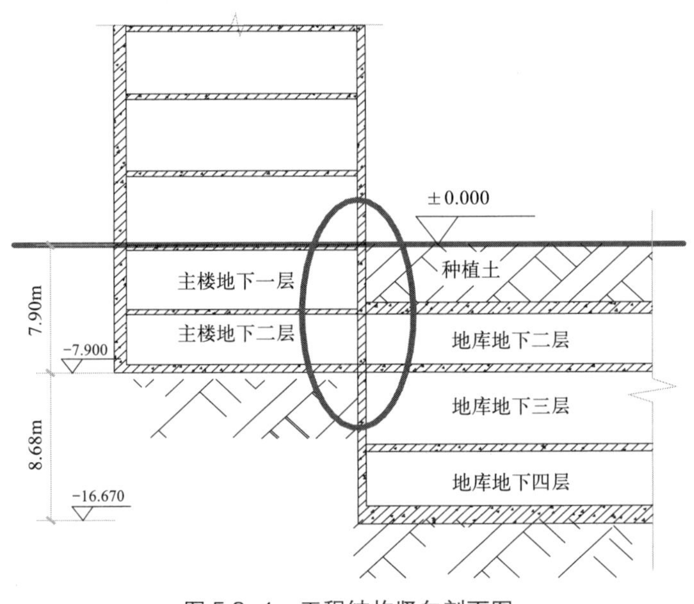

图 5.2-1 工程结构竖向剖面图

结合土方开挖顺序优化、基坑支护、地基处理、结构施工等重要工序采用高差错接深基坑支护施工工艺，解决了土方开挖、基坑支护、建筑物不均匀沉降、工期紧等技术难题，并且保证了施工质量。

本技术采用先整体开挖至主楼地基标高，第一阶段基坑支护采用土钉墙护坡。然后进行主楼 CFG 桩施工，同时进行地库与主楼交接支护桩施工。采用桩锚复合支护。待强度允许，主楼地基处理时，进行地下车库内第二阶段开挖。近主楼边跨车库结构施工，地库外墙因支护桩采用单侧支模施工。在地库施工至主楼筏板标高时，将支护桩冠梁顶部进行 1m 厚褥垫层处理，防止发生不均匀沉降，支护桩兼做主楼地基桩使用。主楼与地下车库在地下三层顶板标高同时施工，增加施工工作面。工程地基处理剖面如图 5.2-2 所示。

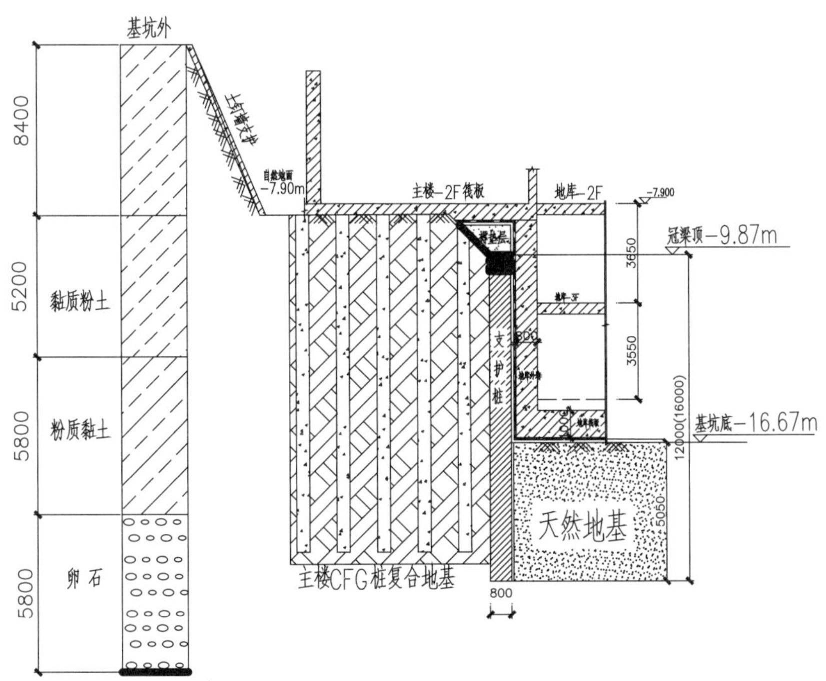

图 5.2-2 工程地基处理剖面图

高差错接深基坑支护施工关键技术适用于竖向大高差错位连接结构的施工工程以及两单体结构有连接但地基标高高差较大的结构施工工程。

5.2.2 技术特点

（1）施工进度加快。主楼与地下车库连接结构复杂，造成土方开挖、基坑支护施工难度加大，从而施工进度受到影响，采用主楼周边放坡支护，可以增大土方开挖工作面，并为主楼地基 CFG 桩处理提前准备工作面，CFG 桩及支护桩可以同时进行施工。地库与主楼交接处采用支护桩，可为主楼地基处理留出工作时间，待地下车库边跨施工至主楼地基时与主楼同时施工。

（2）不均匀沉降处理。主楼与地库结构连接，在地下三层顶板处共用结构墙，基础筏板不在同一标高，容易造成不均匀沉降。主楼地基采用 CFG 桩处理，加强地基承载力，使主楼地基与地下车库天然地基承载力相当，保证了沉降稳定。

（3）节省成本。主楼与地库连接处采用支护桩，支护桩可当做地库墙体一侧模板使用，墙体采用单支模，节省模板体系成本。支护桩经处理后兼做地基桩，节省地基处理成本，并使支护桩达到最大利用。

（4）防水性能增强。地下车库外墙采用单侧支模技术，使用单拉螺栓，无穿墙螺栓，墙体上无孔洞，结构自防水性能增强。

5.2.3 工艺流程

高差错接深基坑支护施工工艺流程见图 5.2-3。

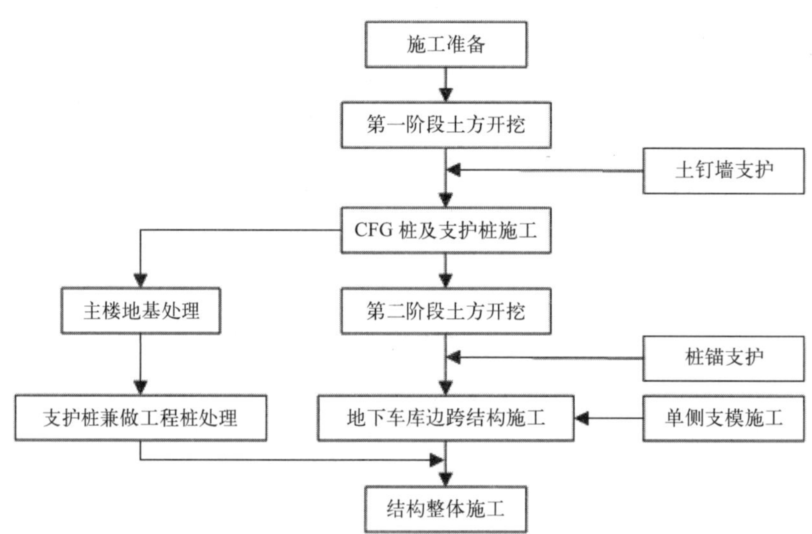

图 5.2-3 高差错接深基坑支护施工工艺流程图

5.2.4 技术要点

1. 施工准备

（1）根据工程施工特点及结构的特殊性，选择优质支护分包单位，支护方案须经过专家论证通过后方可实施。

（2）向建设单位、勘察设计单位收集工程地下管线资料，查询当地气象信息，结合实际情况做好雨期及突发情况应急措施。

（3）会同设计单位现场核对施工图纸，进行施工技术交底。充分了解设计文件、施工图纸和施工方案的主要意图。工程技术负责人向专业工长进行交底要求细致、齐全、完善，并要结合具体操作部位、关键部位的质量要求，操作要点及注意事项等进行详细交底。

（4）测量控制点的移交，设置永久性坐标桩和水准基桩，建立测量控制网，进行定位、放线工作。

（5）对各种试验及检测设备进行检定和校验，对拟采用的新工艺、新材料、新技术进行试验、检验和技术鉴定。

（6）现场所需机械设备、施工材料准备充分。

2. 第一阶段土方开挖

（1）降水处理完成符合土方开挖条件后，经现场定位放线，复核验收通过后，进行场地土方开挖。土方开挖分为两阶段施工，因主楼与地下车库地基基底标高为两个不同标高，所以第一阶段土方开挖至主楼地下二层地基部位。

（2）严格按照土方开挖及基坑支护方案进行施工。挖至基底时预留 50cm，待 CFG 桩及支护桩施工完成后再进行清理，以免破坏地基土。

（3）土方分层分段开挖，土方开挖按每层 2.5m，土钉墙喷护按照方案进行施工，待强度允许后进行下一步土方开挖及护坡喷护。

（4）为了及时掌握边坡变形动态，保证边坡安全稳定和工程顺利进行，需对边坡及周边建筑进行变形监测，主要对边坡进行水平位移观测及周边建筑沉降观测。

第一阶段土方开挖如图 5.2-4 所示。

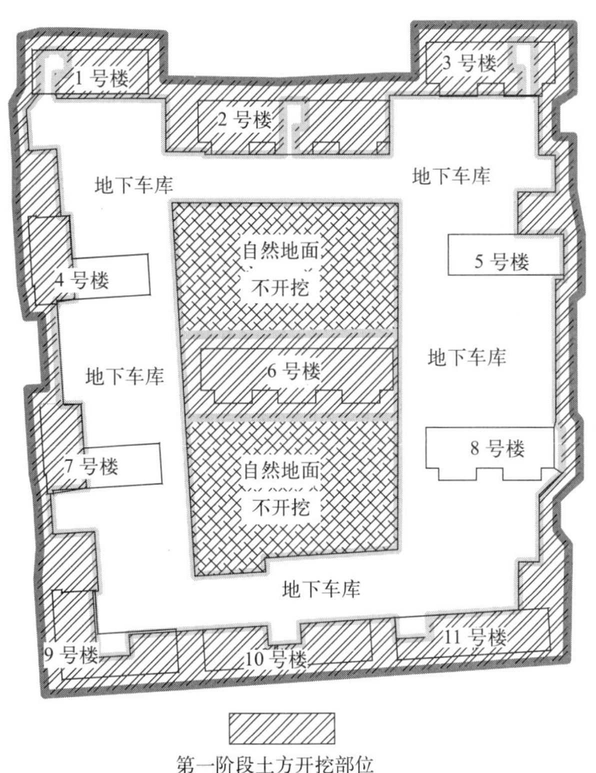

图 5.2-4 第一阶段土方开挖示意图

3. CFG 桩及支护桩施工

（1）基础平面图、CFG 桩及支护桩桩位图放出控制轴线，同时在槽底设置高程控制点。监理复核验收通过后，进行 CFG 桩及支护桩施工，采用多台旋挖钻机施工，根据土方开挖提供的工作面进行分段流水施工。

（2）钻杆完全提离地面后，立即投入振捣棒振捣，振捣深度应大于 3.0m。搅拌、泵送或提钻要密切协调，避免灌注过程发生断桩。

（3）成桩后应及时保护并养护，已成桩桩头要严加保护，严防重型机械行走。

4. 第二阶段土方开挖

（1）支护桩同条件试块强度达到标准强度 75% 后，方可进行第二阶段土方开挖冠梁施工。冠梁施工梁顶标高比主楼地基标高低 1m，预留 1m 厚缓冲层处理。

（2）当冠梁强度达到 80% 后，方可进行土方开挖。

（3）土方遵循分层分段开挖，每次开挖深度不得超过 2m，方便桩锚及桩间喷护施工。

（4）在开挖过程中，每天进行观测一次；如发现位移量较大或有突变时，应在上、下午各观测 1 次；混凝土垫层浇筑完后视边坡土体变形情况适当延长观测周期。

第二阶段土方开挖如图 5.2-5 所示。

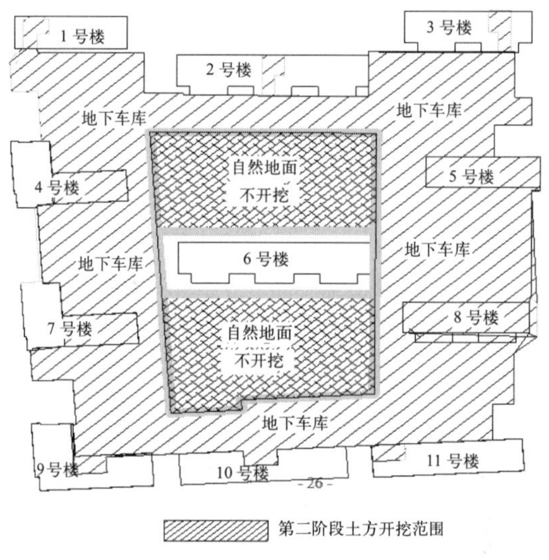

图 5.2-5　第二阶段土方开挖示意图

5. 主楼地基处理

（1）在开始进行支护桩冠梁及第二阶段开挖时，在 CFG 桩达到 3d 后进行桩间土清理，桩间土人工清除，桩头需人工剔除。剔桩头时由两个或三个人同时进行，使用钢钎在同一个水平面从两个或三个角度同时打击，严禁从一个方向使桩单向受力。清土和截桩时不得造成桩顶以下桩身断裂和桩间土扰动。桩顶不进入褥垫层，与桩间土标高一致。

（2）桩间清土不得超挖，并在基坑护坡底部进行排水沟设置，进行明排水设置，做集水坑进行抽水处理。

（3）地基土清理及桩头剔除后应及时进行 CFG 桩检测，以保证后期同时施工。

（4）CFG 桩检测通过后，进行碎石褥垫层施工，验收后进行筏板垫层施工。

6. 支护桩兼作工程桩处理

（1）支护桩施工时冠梁顶预留 1m 厚褥垫层，作为支护桩的缓冲层，因 CFG 与支护桩成桩方式和设计不一样，为避免此处产生不均匀沉降，需做约 1m 厚级配砂石缓冲。

（2）支护桩处于主楼地基范围内，支护桩兼作工程桩使用，进行支护桩冠梁顶部处理，将冠梁主楼一侧土进行挖除清理，进行 1∶0.58 放坡。

（3）沿冠梁地库一侧边进行砌筑墙宽 370mm、高 1m。

（4）护坡桩桩顶部填入级配砂石压实做褥垫层，厚度 1m，压实系数不应小于 0.97。

7. 地下车库边跨结构施工

（1）因支护桩位于地下车库与主楼结构交接处，且支护桩处于主楼地基下并紧贴地库墙体，所以将支护桩设计成为车库墙体外侧模板（如砖胎模）。

（2）支护桩防水采用外防内贴法，墙体模板采用单侧支模。

（3）单支模是在模板支撑体系上加固固定，使用单拉螺杆、水平撑杆、斜撑、加强竖向龙骨进行加固。采取措施确保模板具备一定强度支撑，采用顶拉模式使模板保持一定的垂直度。

（4）地下车库外墙采用单侧支模，使用单拉螺栓将模板与龙骨加固在一起，不使用穿墙螺杆，墙体无穿墙孔洞，结构自防水性能增强，保证了地下工程的防水性能。

地下车库结构现场施工见图 5.2-6。

图 5.2-6　地下车库结构现场施工图

8. 结构整体施工

（1）地下车库施工至地下三层顶时，与主楼地基处于同一标高，主楼同时具备筏板施工条件，钢筋按设计要求绑扎后，地下车库地下三层顶板混凝土与主楼地下二层筏板同时浇筑，从而主楼与地下车库主体结构连为一体。

（2）在主体结构连为一体后主楼可与地下车库同时进行施工，不受基坑开挖的影响，也不受主楼地基临边的影响。

9. 质量控制

土方开挖质量控制验收标准见表 5.2-1。

土方开挖质量控制验收标准　　表 5.2-1

项目	序号	检查项目	允许偏差或允许值（mm）					检查方法
			桩基、基坑基槽	挖方场地平整		管内	地（路）面基层	
				人工	机械			
主控项目	1	标高	−50	±30	±50	−50	−50	水准仪检测
	2	长度、宽度	+200、−50	+300、−100	+500、−150	+100	—	钢尺量
	3	边坡	设计要求					坡度尺
一般项目	1	表面平整度	20	20	50	20	20	2m 靠尺和塞尺
	2	基底土性	符合设计及规范要求					观察土样分析

支护桩质量控制验收标准见表 5.2-2。

支护桩质量控制验收标准　　表 5.2-2

项次	项目		允许偏差（mm）	检查方法
1	钢筋笼	主筋间距	±10	尺量
2		箍筋间距	±20	
3		直径	±10	
4		长度	±50	
5		保护层厚度	≤ 10	
6	桩孔	桩径	±20	拉线和尺量
7		孔深度	±50	
8		垂直度	0.5%	吊线和尺量

5.2.5　工程应用

1. 工程概况

北京北安河项目定向安置房深基坑工程位于北京市海淀区北安河乡，北清路北侧，拟建安阳路和安阳西路之间，17 号地块建筑面积 18 万 m^2，其中地上 12.9 万 m^2，地下 5.1 万 m^2，建筑物四周均为建设用地，较为空旷。基坑为矩形状，南北宽约 180m，东西长约 228m，周长约 810m，面积约 41040m^2。场地自然地坪高程 56m，基坑深度 7 ~ 15m。

2. 地质水文概况

（1）工程地质

场地位于北京城区西北部平原地区，永定河冲洪积扇的北部边缘，为山前冲、洪积平原地貌。拟建场地基本平坦，多为耕地及蔬菜大棚，地形有一定起伏。勘察范围内钻孔孔口处地面标高在 53.05 ~ 54.21m 之间。

根据勘察报告，按成因年代将勘察深度（最大孔深 35.00m）范围内的地层划分为人工堆积层、新近沉积层和一般第四纪沉积层三大类，并按地层岩性及其物理力学性质进一步划分为黏质粉土素填土、粉质黏土层、黏质粉土层、粉质黏土层、卵石层、粉质黏土层、卵石层 7 个大层。

（2）水文地质

本场地历史最高水位曾接近自然地表，近 3 ~ 5 年最高地下水位标高为 51.0m 左右（包括上层滞水）。地下水年变化幅度约为 1.0 ~ 2.0m。

3. 应用效果

项目应用了高差错接深基坑支护施工技术，采用支护桩兼工程桩，支护桩与 CFG 桩承载力不同，通过支护桩上做 1m 厚褥垫层处理，解决了竖向错位连接大高差结构不均匀沉降的问题，同时大幅度加快了工程进度，支护桩经处理后兼做地基桩，节省地基处理成本。

本技术解决了施工过程的技术问题和结构质量问题，为施工提供了有力保障，具有良好的社会和经济效益，值得在类似工程推广借鉴。

5.3　受限空间悬臂式基坑支护施工关键技术

5.3.1　技术概况

随着经济的高速发展，地铁车站等受限空间不可避免地需要设置于周边环境及地势条件较为复杂的地段。受限空间基坑施工时往往位于车流量较大的区域，甚至毗邻城市主干道及超高层建筑，对地铁的深基坑设计与施工带来巨大的挑战。基坑开挖通常采用放坡开挖，该种方式操作简单，土方开挖及外运效率较高，但是很多情况下受地铁施工场地限制，大范围的放坡开挖所占用场地较大且无法保证周边建筑物安全，目前针对此问题的解决办法是采用围护桩 + 内支撑的方式，对基坑进行支护后方可进行土方开挖，可有效降低土地的占用，但此方法会增加场地内的土方二次倒运，降低出土效率，对施工进度影响较大。

受限空间悬臂式基坑支护施工关键技术适用于基坑影响范围内荷载不对称、地形地势条件复杂、周边紧邻既有建筑物、施工场地严重受限条件下的明挖车站施工工程。

5.3.2 技术特点

（1）悬臂式基坑主要是将冠梁处混凝土支撑调整至冠梁下 7m 位置，避免因基坑范围内不对称荷载对邻近道路及基坑稳定性产生影响。

（2）门式起重机轨道基础可以利用既有围护结构挡土墙 + 钢箱梁的形式。

（3）东西两侧基坑扩大段采用订制钢箱梁，门式起重机轨道设置在钢箱梁上。

（4）基坑第一道混凝土支撑设置在冠梁下 7m 处，7m 以上为悬臂式结构，7m 以下基坑采用围护桩 + 内支撑的形式。

5.3.3 工艺流程

受限空间悬臂式基坑支护施工工艺流程见图 5.3-1 所示。

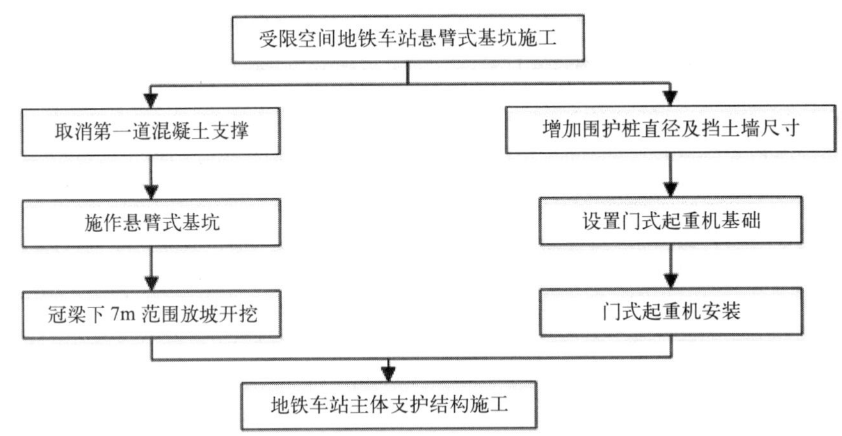

图 5.3-1 受限空间悬臂式基坑支护施工工艺流程图

5.3.4 技术要点

1. 悬臂基坑施工

基坑围护结构采用围护桩 + 内支撑的支护方式，基坑在冠梁处取消混凝土支撑，在冠梁下 7m 处开始设四道支撑，沿基坑竖向 1 ~ 15 轴，设 3 道支撑，第一道支撑为钢筋混凝土支撑，其余两道为 ϕ800 的钢支撑，钢支撑壁厚分别为 16mm 和 20mm，间距 3m，15 ~ 23 轴设置四道支撑，均为 ϕ800 的钢支撑，壁厚 16mm 和 20mm，除第一道支撑间距为 6m 外，其余间距均为 3m。

2. 围护桩及挡土墙施工

基坑 0 ~ 7m 为悬臂式结构，7m 以下采用围护桩 + 内支撑的形式，为保障悬臂式基坑的稳定性，冠梁和挡土墙在桩基质量检查合格后进行施工，通过增加围护桩直径和挡土墙尺寸，可有效控制悬臂式基坑的变形，保证深基坑开挖及支护的安全。

围护桩采用直径 1.5m 的钻孔灌注桩，混凝土强度 C30，桩长 30.94 ~ 34.09m，嵌固深度为基坑底以下 9 ~ 9.5m。桩顶冠梁尺寸设置为 1500mm × 1500mm，冠梁顶设置挡墙，挡土墙为满足后期设置门式起重机轨道基础，确定挡土墙尺寸为 40cm，冠梁及挡土墙均采用 C30 混凝土。围护桩和挡土墙现场施工分别见图 5.3-2 和图 5.3-3。

图 5.3-2 围护桩现场施工图

图 5.3-3 挡土墙现场施工图

围护桩及挡土墙施工时需注意以下几点：

（1）围护桩距南三环下沉 U 形槽悬臂式挡墙较近，桩基距离挡墙最近距离仅为 0.65m，成孔及吊装过程中加强钻孔质量及施工监测。

（2）围护桩桩长较长，桩基最长 34m，成孔时专人监督，严格设置护筒，并严格控制泥浆指标，每钻进 2 ~ 3m 进行一次垂直度检测。

（3）钢筋笼垂直度控制难度较大，桩基施工需考虑施工误差，钢筋笼采用焊接加工，节段连接采用机械连接或焊接，过程加强垂直度检测。

3. 土方开挖

土方开挖方向为自西向东，先破除原路面混凝土，随后进行放坡开挖，挖至第一道钢筋混凝土支撑底标高后，施作第一道混凝土围檩和钢筋混凝土支撑，开挖高度 7.0m，避免场地内二次倒运，有效提升土方开挖效率，降低施工难度，节省施工工期。基坑现场土方开挖见图 5.3-4。

图 5.3-4 基坑现场土方开挖图

土方开挖时需注意以下几点：

（1）基坑开挖应严格按批准的专项施工方案进行，开挖过程中必须确保基坑及周围环境安全。

（2）放坡开挖时控制每层开挖深度不超过 2m，以便桩间挂网喷射混凝土。

（3）场地为自重湿陷性黄土场地，基坑边外部荷载不得大于 20kPa，坑边不得有长流水，防止渗水进入基坑及冲刷边坡，降低边坡稳定。

（4）基坑纵向放坡不得陡于安全坡度。安全坡度应根据地质情况、地下水情况和施工监测反馈信息确定和调整。在开挖过程中，必须进行人工修坡，并应对暴露时间较长的纵坡采用篷布覆盖等坡面保护措施。

（5）土方开挖时严禁挖成垂直土壁或陡坡，以免塌方伤人，并严防塌方导致的横向钢支撑失稳。

（6）若基坑外有需要保护的重要地下管线或建（构）筑物，应适当减缓其附近的纵向土坡的坡度。

（7）在基坑施工过程中，对纵向非出土土坡应加强监测，并将结果及时反馈指导施工，确保纵向边坡的稳定。

（8）基坑开挖时应采用纵向分段、分层开挖，分段长度视周围环境、地质，以及结构受力情况等综合考虑确定；分层标高，以钢支撑架设标高作为控制。

4. 门式起重机安装施工

基坑南北两侧场地狭小，基坑外地面无法设置门式起重机轨道基础，且基坑东西两侧存在基坑扩大端，门式起重机轨道基础选择利用既有围护结构挡土墙 + 钢箱梁的形式，标准段基础设置在现有围护结构挡土墙上，东西侧扩大段基础则设置在钢箱梁上，解决了受限空间门式起重机轨道基础设置难题。在挡土墙施工时，将螺栓预埋在挡土墙顶。现场布置 10 t 门式起重机梁架在挡土墙上行走、起吊运输物品。现场门式起重机设置见图 5.3-5。

图 5.3-5　门式起重机现场布置图

门式起重机安装需注意以下几点：

（1）起重设备

1）起重设备根据现场吊机就位、构件重量、吊装半径选型。

2）起重设备进场后，组织进行设备进场验收，确保各项安全措施到位。

3）吊装前，起重司机、司索工、安装人员持证上岗，进场的人员须经过安全教育培训和技术交底。

4）起重设备站位满足地基承载力，并在吊车支腿下方垫路基板。

5）吊装前检查吊车、吊装钢丝绳、卸扣、吊耳是否完好。

（2）设备拼装

1）设备构件进场前，厂家提供相关构件的质量合格证明等试验检测证明。

2）构件拼装后，组织进行现场验收，确保安装质量满足要求。

（3）构件吊装

1）起重吊装时选择吊点计算精确、科学合理。

2）吊装所选钢丝绳经过检验，合格后方可使用，安装系数符合要求。

3）主梁吊装方式科学合理，索具正确选用和使用。

（4）负荷试验

1）严格按照安拆方案和相关标准进行。

2）试验过程中注意各危险点监护，发现异常立即停止作业，并采取应急措施。

3）司机操作谨慎，避免误操作。

4）试验后严格检查各部位，复测主梁上拱度等相关参数。

5. 质量控制

（1）悬臂式基坑施工

1）基坑周边既有建筑物较多、施工环境复杂，施工时严格按照方案进行开挖，严禁超挖，及时支护，合理组织施工顺序。

2）定时检查测量放线准确性，加强周边监测，根据开挖深度提高及时监测频率。

3）基坑分段开挖，基坑排水要良好，加强基坑周边地面截排水，阻止地面水侵入基坑。

4）严格控制混凝土、钢材、防水等原材质量在合格标准内。

（2）围护桩及冠梁施工

1）钻孔灌注桩施工

钻孔灌注桩采用旋挖钻机钻孔，现场加工钢筋笼并使用起重机吊装，混凝土罐车运输灌注水下混凝土。为防止钻孔桩施工时由于相邻两桩施工距离太近或间隔时间太短造成塌孔，采取分批跳孔施作，钻孔桩施工时按隔孔施作。

根据钢筋笼的实际长度，钢筋笼计划分两节加工，钢筋笼主筋连接采用机械连接，分节段加工完成验收通过后运至施工现场，采用型钢扁担支撑将一节钢筋笼吊装入孔，起吊另一段钢筋笼进行孔口焊接，焊接长度 10d。整体吊装入孔下放导管灌注 C30 混凝土。

2）冠梁及挡土墙施工

冠梁在桩基质量检查合格后进行施工。施工方向由西向东，冠梁钢筋加工安装时，预埋挡土墙预埋钢筋，为便于立模，挡土墙在冠梁完成后施工，长度宜两端比已施工冠梁短 30 ~ 50cm。根据施工方案，冠梁底座采用砂浆抹面、木模板外侧立模的方式进行混凝土浇筑。

3）排水沟施工

排水沟采用人工开挖，浇筑 C25 混凝土，排水沟需线形顺直，表面光洁平整。按设计及规范要求施工，将地面水排导出基坑外，并与市政污水管网相衔接。

（3）土方开挖

1）为确保安全，严格遵循“时空效应”的理论，按照“分段、分层、对称、平衡”的原则进行开挖，边开挖边进行喷锚支护及支撑架设。

2）土方开挖全部采用机械化施工，土方开挖自上而下进行，严禁掏底开挖。土方开挖先破除原路面混凝土，控制每层开挖深度不超过 2m，杜绝乱挖超挖。

3）采用自卸汽车配合挖掘机直接开挖，沿路线方向施工便道，便道纵坡应保证自卸汽车空车在正常情况下能顺利爬到坡顶。

4）基坑边外部荷载不得大于 20kPa，限制坑顶堆土等地面荷载，严禁过度堆载，桩间土壁应随基坑开挖采用喷混凝土充填平整。

5）坑边不得有长流水，防止渗水进入基坑及冲刷边坡，降低边坡稳定，对桩间接缝处或桩内出现的渗漏水，要及时封堵，严防小股流土（砂）扩大。

（4）门式起重机基础

1）门式起重机进场前必须进行起重机轨道的铺设，轨道基础选择利用既有围护结构挡土墙 + 钢箱梁的形式。

2）基坑南侧不能直接利用既有挡土墙的部分在原地面施作条形基础作为轨道基础，在基坑东端头外切槽延伸 10m 施作轨道基础，混凝土强度为 C30。

3）轨道基础应平直，强度刚度都应符合承载要求，预埋轨道螺栓时应测量放线，并将螺栓与梁主筋焊接牢固，避免在浇筑混凝土时螺栓跑偏或滑落。

4）轨道敷设前测量放样，定出轨道位置，经测量复测轨道梁的位置和高程，安装轨道时采用高处削平、低处垫薄钢板找平调整轨面高差。

5）轨道敷设前标注轨道安放基准线，方便轨道安装时的定位，轨道敷设时严格按照设计图纸安装：下层垫薄钢板找平，钢板上敷设防震垫，调整好轨道后用轨道压板固定轨道。

6）轨道敷设完毕后不得有障碍或下沉现象，轨道面高差应符合要求，轨道坡度小于等于 3‰，轨道应平直。

7）轨道敷设完毕后应进行自检，合格后才能进行门式起重机组装，两侧轨道接头位置不得在同一截面上。

5.3.5　工程应用

1. 工程概况

西安市地铁八号线工程雁翔路车站，主体结构长度为 196.3m，标准段宽度 22.7m，基坑深 25.2m，主体结构采用明挖顺作法施工，基坑围护结构采用钻孔灌注桩 + 内支撑体系，主体结构为现浇混凝土框架结构。雁翔路车站位于雁翔路东侧，沿南三环南侧辅道东西向设置。车站南侧为金地翔悦天下住宅小区（东侧距地下 2 层、地上 33 层的剪力墙结构 15.6m，主楼基础采用桩筏基础）、西侧待开发地块，北侧为南三环下沉 U 形槽（距离基坑 4.26 ~ 6.92m），东侧为环形天桥（距离约 40m）。雁翔路车站周边环境位置如图 5.3-6 所示。

图 5.3-6　雁翔路车站周边环境位置图

2. 地质水文概况

（1）工程地质

场地地形呈东高西低、南高北低的趋势，勘探点实测的地面高程介于 493.75 ~ 497.88m 之间。本场地地貌单元属少陵塬，地表分布有厚薄不均的全新统人工填土（Q_4^{ml}）；其下为上更新统风积（Q_3^{eol}）新黄土及残积（Q_3^{el}）古土壤；再下为中更新统风积（Q_2^{eol}）老黄土及残积（Q_2^{el}）古土壤。地层特征描述见表 5.3-1。

地层特征描述表　　表 5.3-1

层号	层名	范围值（m）		岩性描述	
		层厚	层底深度	颜色	状态
①$_{-1}$	杂填土	0.30 ~ 15.00	0.30 ~ 15.00	杂色	松散
①$_{-2}$	素填土	0.30 ~ 10.90	2.30 ~ 15.30	黄褐色	可塑
③$_{1-1}$	新黄土（水上）	1.10 ~ 10.50	8.40 ~ 12.80	黄褐色	硬塑
③$_{1-2}$	古土壤	2.50 ~ 4.20	11.40 ~ 16.20	棕红色	硬塑
④$_{1-1}$	老黄土（水上）	1.40 ~ 10.90	最浅埋深 20.50	黄褐色	硬塑
④$_{2-1}$	古土壤（水上）	1.50 ~ 5.60	最浅埋深 25.00	红褐色	硬塑
④$_{1-2}$	老黄土（水下）	0.50 ~ 7.10	最浅埋深 44.70	褐黄色	可塑
④$_{2-2}$	古土壤（水下）	1.40 ~ 3.90	最浅埋深 44.50	红褐色	硬塑

（2）水文地质

场地勘察期间，钻探揭露场地内地下潜水稳定水位介于 43.40 ~ 48.00m 之间，相应高程为 448.61 ~ 450.35m。故本站不考虑地下水位对本工程的影响。

3. 应用效果

项目基坑在施工布置时采用受限空间悬臂式基坑施工技术，取消基坑冠梁处的混凝土支撑，基坑设置为悬臂形式，将第一道支撑设置在冠梁下 7m，解决基坑影响范围内荷载呈不对称状态的技术难题，可降低钢筋混凝土的用量。基坑南北两侧场地狭小，基坑外地面无法设置门式起重机轨道基础，且基坑东西两侧存在基坑扩大端，门式起重机轨道基础选择利用既有围护结构挡土墙 + 钢箱梁的形式，标准段基础设置在现有围护结构挡土墙上，东西侧扩大段基础则设置在钢箱梁上，解决了基坑影响范围内荷载呈不对称状态、门式起重机轨道基础设置空间受限、悬臂式基坑开挖及支护等技术难题，确保周边道路、既有建筑物及深基坑稳定，大大节约了施工成本，有效降低施工过程中的安全风险。

基坑冠梁处不设置混凝土支撑，冠梁下 7m 范围内可采用放坡开挖的方式进行开挖，挖机及自卸汽车可直接行驶至开挖面，避免拉槽开挖、频繁刷坡、二次倒运，有效提升土方开挖效率，降低施工难度，节省施工工期。

5.4　复杂地质条件下深基坑钢板桩施工关键技术

5.4.1　技术概况

泥岩层、卵石层及密实的砾砂层中深基坑围护结构一般选择沉井、地下连续墙及钻孔桩围护结构。由于桥梁基坑为临时工程，采用以上围护结构成本高，施工周期慢。针对此问题选择成本较低的钢板桩围护结构进行深基坑围护，但钢板桩插打遇泥岩层、

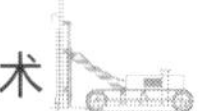

卵石层及密实的砾砂层地质条件时无法打入设计标高，导致钢板桩围护方案失败。

复杂地质下深基坑钢板桩施工技术采用旋挖钻预引孔（成孔直径 80cm）+ 二次成孔（成孔直径 120cm）的方式进行引孔，解决了复杂地质条件下钢板桩无法插打的难题，同时避免了旋挖钻头碰撞钢板桩锁扣引起锁扣损坏导致钢板桩无法成环，确保了顺利完成基坑支护及开挖施工，有效地节约了施工成本、工期，解决了深基坑围护成本高、施工周期长等难题。

复杂地质下深基坑钢板桩施工关键技术适用于泥岩层、卵石层及密实的砾砂层地质条件的深基坑钢板桩围护结构施工。

5.4.2　技术特点

（1）基坑围护结构采用钢板桩，有效地节约了施工成本、工期，解决了深基坑围护成本高、施工周期长的难题。

（2）复杂地质条件下采用紧密引孔方式，确保钢板桩不因地质变化导致钢板桩局部无法成桩。

（3）采用旋挖钻预引孔（成孔直径 80cm）+ 二次成孔（成孔直径 120cm）的方式进行引孔，解决了复杂地质条件下钢板桩无法插打的难题。

（4）采用屏风式插打法插打钢板桩，每插打完一个孔内的钢板桩，就对引孔四周对称回填砾砂，水密 7d 后进行基坑内土方开挖。

（5）开挖至每层钢支撑设计标高时，进行钢围檩及对撑、斜撑的安装和焊接，最后对支护结构施加预应力。

5.4.3　工艺流程

复杂地质下深基坑钢板桩施工工艺流程见图 5.4-1。

5.4.4　技术要点

1. 引孔

（1）测量

采用全站仪准确放样引孔中心位置，在引孔中心周围打设 4 根护桩，并在护桩上做出标记，采用十字交叉的方式，在施工中随时检查校正钻机钻头位置。

（2）埋设护筒

1）因地质条件特殊，为防止塌孔，引孔护筒采用钢护筒，用 6mm 钢板制成，护筒的内径 1.4m，护筒长度 3m。

2）由人工、振动锤打桩机配合完成，打桩机先将护筒提至引孔中心位置，振动下沉护筒，利用振动锤夹住护筒进行调整，护筒埋设中心位置偏差控制 5cm 以内。护

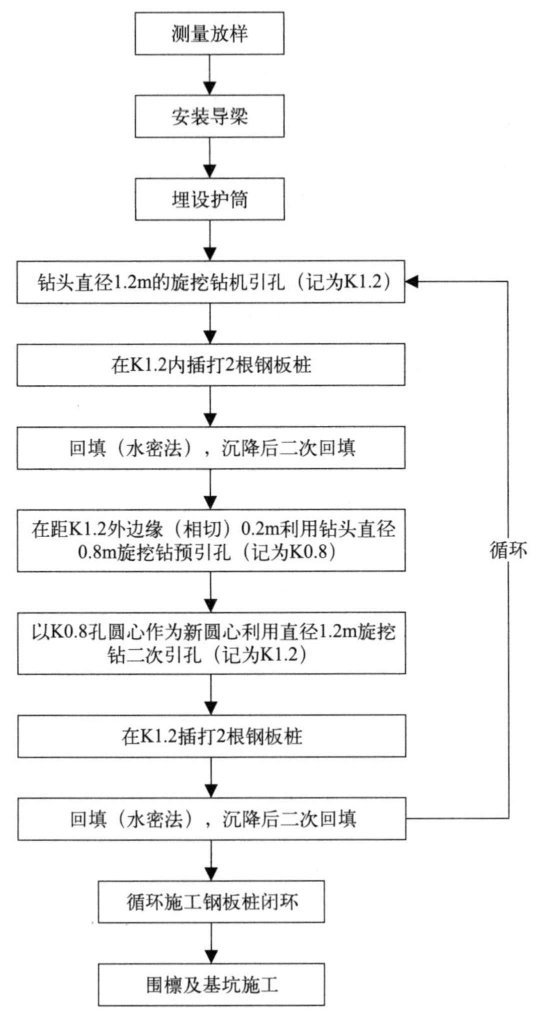

图 5.4-1　复杂地质下深基坑钢板桩施工工艺流程图

筒就位时用十字交叉法定位，根据设计测定的孔位，对每个孔位做好编号和标记，过孔位中心点拉十字线在护筒外 80 ~ 100cm 处设置控制桩，在测定的孔位上安设护筒，护筒中心竖直线应与孔中心线重合，护筒倾斜度不大于 1%。

3）护筒埋设深度 2.7m，高出原地面 0.3m。护筒就位后，周围用黏土分层均匀填满夯实，确保护筒位置正确牢固。

（3）预引孔

1）预引孔选用直径 0.8m 的钻头进行钻孔。

2）钻机就位前，应对钻孔各项准备工作进行检查。钻机安装后的底座和顶端应平稳，在钻进中不应产生位移或沉陷。

3）钻孔前，按施工设计所提供的地质、水文资料绘制地质剖面图，挂在钻台上。针对不同地质层选用不同的钻进压力、钻进速度及适当的泥浆比重。对于桩径为

250cm、孔深 50m 以上的桩孔，且地层松散易塌孔时，宜使用优质膨润土制配高级泥浆。施工现场应布置连接造浆池、沉淀池和钻孔的环形泥浆槽，在场地合适的位置布置若干支槽连接到环形槽，形成贯通的排水网络和泥浆循环通道，所有的泥浆池和泥浆槽结构均用砖砌筑，泥浆池、槽的侧壁和底部都用防水水泥砂浆抹面，以保证泥浆不外溢和渗漏。开孔时在内护筒内先注入足够的泥浆量，即保证泥浆面高出地下水位 1 ~ 2m，然后钻机就位，开始用 0.8m 旋挖钻头钻进，将钻孔内的钻渣挖出，根据钻进的速度来决定泥浆量的补充量。

4）钻孔作业应分班连续进行，填写钻孔施工记录，交接班时应交代钻进情况及应注意事项。应经常对钻机对位进行检测，不符合要求时应及时改正。应经常注意地层变化，在地层变化处应捞取样渣保存。

5）钻孔作业保持连续进行，不中断。

6）当钻孔深度达到设计要求时，对孔深、孔径、孔位和孔形等进行检查。

（4）二次扫孔

1）预引孔达设计标高后，提起钻头，将其更换为直径 1.2m 的钻头。

2）再次钻孔。钻进时，根据钻孔速度及时调整并补充泥浆，保证护筒内泥浆水头压力。每次提升钻具或掏渣时，严格控制升降速度，确保钻具回位准确，并避免钻具拖碰孔壁形成塌孔。由于已经进行了预引孔施工，成孔直径 0.8m 的原孔土壁很容易扫下，扩大引孔直径为 1.2m，直至设计标高。此项施工的关键是泥浆的制备，泥浆的关键材料选用高性能膨润土。一般用量为水的 8%，即 8kg 膨润土可掺 100kg 的水，对于黏质土地层，可降低到 3% ~ 5%。利用 CMC 羧甲基纤维素，其作用是在钻孔侧壁表面形成一层强化后的薄膜，起到保护孔壁减少塌孔和减少孔内水分流失的作用，一般掺加量是膨润土质量的 0.05% ~ 0.1%。

3）在完成 2 根钢板桩的插打后，埋设相邻引孔孔位的护筒，护筒埋设应与上一次护筒埋设位置相交 100mm，如图 5.4-2 所示。

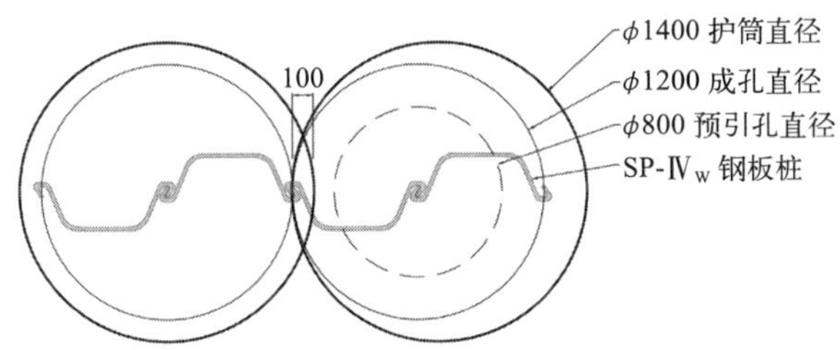

图 5.4-2　相邻引孔护筒埋设位置示意图

2. 钢板桩插打

（1）钢板桩采用打桩机施打，钢板桩选用长度 18m 的 SP-IVw 拉森钢板桩。

（2）打桩前，对钢板桩逐根检查，剔除连接锁口锈蚀、变形严重的钢板桩，不合格者待修整后才可使用。

（3）打桩前，在钢板桩的锁口内涂油脂，以方便打入拔出。

（4）打桩前，为保证沉桩轴线位置的正确和桩的竖直，控制桩的打入精度，需人工利用 L 形直角尺测量，保证打入钢板桩的位置距离导梁垂直距离为 1m。

（5）在插打过程中随时测量监控每根桩的斜度不超过 2%，当偏斜过大不能用拉齐方法调正时，拔起重打。

（6）钢板桩施打采用屏风式打入法施工。屏风式打入法不易使钢板桩发生屈曲、扭转、倾斜和墙面凹凸，打入精度高，易于实现封闭合龙。施工时，将 10 ~ 20 根钢板桩成排插入导架内，使它们呈屏风状，然后再施打。通常将屏风墙两端的一组钢板桩打至设计标高或一定深度，并严格控制垂直度，用电焊固定在围檩上，然后在中间按顺序分 1/3 或 1/2 板桩高度打入。

钢板桩现场施工如图 5.4-3 所示。

图 5.4-3　钢板桩现场施工图

3. 回填引孔

（1）钢板桩插打完成后及时对引孔进行回填，采用机械回填素填土或砂土。

（2）由于引孔直径为 1.2m，钢板桩宽度为 0.6m，每插打 2 根钢板桩，回填一次。若旋挖钻机站位与回填机械冲突，可适当放缓回填速度。

4. 开挖安装第一道围檩

钢板桩施工完成后，进行基坑开挖。基坑开挖采用长臂挖掘机、运输车配合运土，将弃土运至弃土场堆放、整平。

挖土至地面以下 1.5m 时，施工第一道围檩支撑。围檩在基坑开挖前加工完成，利用 50t 履带起重机安装就位；首先在钢板桩上焊接围檩托架 20 号槽钢，托架间距 1.5m，焊接完成后，利用履带起重机将围檩吊装至托架上，并与托架点焊连接，防止围檩移动。围檩安装完成后，安装角撑及钢支撑，角撑采用 $\phi 630 \times 10$ 钢管，每个角设 2 条角撑，一层共计 8 条角撑，钢支撑采用 $\phi 820 \times 12$ 钢管，共设 4 条。钢支撑安装位置横桥向间距：6.5m、6m、2.9m、4m、4m、4m、2.9m、6m、6.5m；纵桥向间距：6.5m、6m、1.8m、6m、6.5m；在围檩上按上述尺寸标注出钢支撑的位置，利用起重机将钢支撑安装到位，并与围檩点焊固定，并对钢支撑同时施加 123kN 的水平推力，应力施加完成后，对钢支撑进行连接固定。

角撑现场安装如图 5.4-4 所示。

图 5.4-4　角撑现场安装图

5. 开挖安装第二道围檩

基坑开挖至 3m 后施加第二道围檩，施工方法同第一道围檩。

6. 开挖安装第三道围檩

基坑开挖至 7.5m 后施加第三道围檩，施工方法同第一道围檩。

7. 基坑开挖

钢围堰内基础开挖，先是采用长臂挖掘机开挖到第一层、第二层钢支撑标高，再排水。钢板桩插打完成并安装完支撑后，第三层支撑下采用水下吸砂机进行，吸泥机开动时注意围堰内外水头保持平衡，并用高压水枪冲刷，吸泥至承台底下 1.8m 处。采用 C20 水下混凝土灌注封底，封底厚度 1.8m。在封底混凝土强度达到 90% 以上后，进行抽水设置第三道支撑，围堰内经过吸砂抽水后进行测量，基底标高要符合设计要求，局部高低允许误差为 ±20cm，围堰壁和灌注桩壁不能有淤砂。为了防止污染水体，吸出的泥浆及砂及时外弃。泥浆通过沉淀池沉淀后排入邻近河道内。

8. 质量控制

（1）打桩前进行系统的轴线复合，板桩轴线偏差应控制在 20mm 以内。插桩时垂直偏差不得超过 0.5%，桩尖位于软土时以桩尖达到设计标高为符合要求，桩顶允许偏差应控制在 -50 ~ +100mm 范围。

（2）板桩打入后，允许位置偏移 100mm，垂直度应控制在 1% 以内。钢板桩之间缝隙，用于防渗时不得大于 20mm，用于挡土时不得大于 25mm。

（3）钢板桩允许偏差值：高度允许偏差 ±3mm，宽度偏差 -5 ~ +10mm，弯曲挠度小于 1%，桩端平面应平整，倾斜小于 3mm。

5.4.5　工程应用

1. 工程概况

宝鸡市清溪渭河大桥工程南起高新大道与高新二十路交叉口，北至西宝高速以北落地。道路全长 1830m，其中主线桥全长 1106.3m，主桥为双塔双索面斜拉桥。引桥跨越滨河南路河堤时采用 59m 钢箱梁，其余联采用预应力混凝土现浇箱梁。大桥 10 号主塔承台位于渭河河道北侧，承台尺寸为 39.8m × 23.8m × 5.5m，基坑开挖深度为 10.6m。

2. 地质水文概况

（1）工程地质

宝鸡地区处于鄂尔多斯地台向斜的南缘，秦岭地轴渭河地堑这三个构造单元的交接地带。从地质力学观点分析，宝鸡地区位于秦岭纬向构造体系、祁吕贺山字形构造体系与陇西旋扭构造体系的交汇处。

地质勘查场地地面高程 541.37m，地质情况从上至下依次为：①砂砾（层底标高 543.17m，层厚 1.8m）、②泥岩（层底标高 533.37m，层厚 9.8m）、③卵石（层底标高 530.87m，层厚 2.5m）、④粗砂（层底标高 527.37m，层厚 3.5m）、⑤泥岩（层底标高 524.07m，层厚 3.3m）和⑥砂砾（层底标高 521.37m，层厚 2.7m）。

（2）水文地质

场地地下水类型为潜水，受大气降水及渭河两岸高阶地下水补给，排泄方式为蒸发和向河流下游渗流。勘察查明该处地下水稳定水位埋深为 0.1 ~ 12.7m，地下水位标高为 537.32 ~ 542.28m。

3. 应用效果

该技术的顺利实施，保证了钢板桩围堰支护结构的质量，避免了钢板桩物料的损耗，保证了施工进度计划的顺利实现。和常规方案相比，节约了大量施工费用，为工程顺利竣工奠定了基础，受到当地政府、建设单位及监理单位一致好评，具有良好的社会和经济效益。

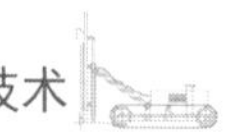

5.5　复杂环境下 SMW 工法桩 + 灌注桩外拉锚组合保护既有管线施工关键技术

5.5.1　技术概况

随着城市的不断发展，老城区拆旧改工程项目将会越来越多，工程项目基坑周边管线繁多，排污管道老旧，地下管线埋深不明，采用普通的支护桩加锚索形式作为基坑围护结构，锚索施工时很容易将管线破坏，老旧管道渗水易造成护壁垮塌，进行管线迁移成本较高，且工期较长。

复杂环境下 SMW 工法桩 + 灌注桩外拉锚组合支护原理是利用外排灌注桩，挡住基坑外土方使其不因土方开挖而挤压管涵管线，内排采用 SMW 工法桩利用上部连梁与灌注桩连接成整体，保证边坡稳定性，同时 SMW 工法桩能够起到良好止水效果，防止因老旧管道渗水造成土体流失，对管线及基坑造成破坏，保证基坑稳定性的同时又能保护灌注桩与 SMW 工法桩之间无法迁移管线。

复杂环境下 SMW 工法桩 + 灌注桩外拉锚组合保护既有管线施工关键技术适用于基坑周边地下管线繁多无法迁移，地下水丰富，且管线埋深不明无法进行锚索锚固等类似的复杂环境情况。

5.5.2　技术特点

（1）节能环保、施工方便。SMW 工法桩 + 灌注桩外拉锚组合形式进行基坑支护施工在场内即可完成，避免了管线迁移时开挖造成的尘土飞散、污水的外流；上部采用冠梁、连梁将 SMW 工法桩与外排灌注桩连接成整体，在保证了基坑安全性的同时又节约了成本；待地下室回填后，SWM 工法桩中的工字钢可拔出回收再利用，符合节能环保的要求。

（2）整体性好、支护效果好。外排灌注桩锚入岩层内，上部利用连梁与 SMW 工法桩连接，支护整体性能好，避免了管道渗水造成水土流失对灌注桩与 SMW 工法桩之间的管线造成破坏。

（3）缩短工期、节约成本。采用 SMW 工法桩 + 灌注桩外拉锚组合形式进行基坑支护，避免了管线迁移额外产生的费用及时间，大大提高了基坑支护成型的效率，缩短了总工期，较大地节约了成本。

5.5.3　工艺流程

复杂环境下 SMW 工法桩 + 灌注桩外拉锚组合保护既有管线施工工艺流程见图 5.5-1。

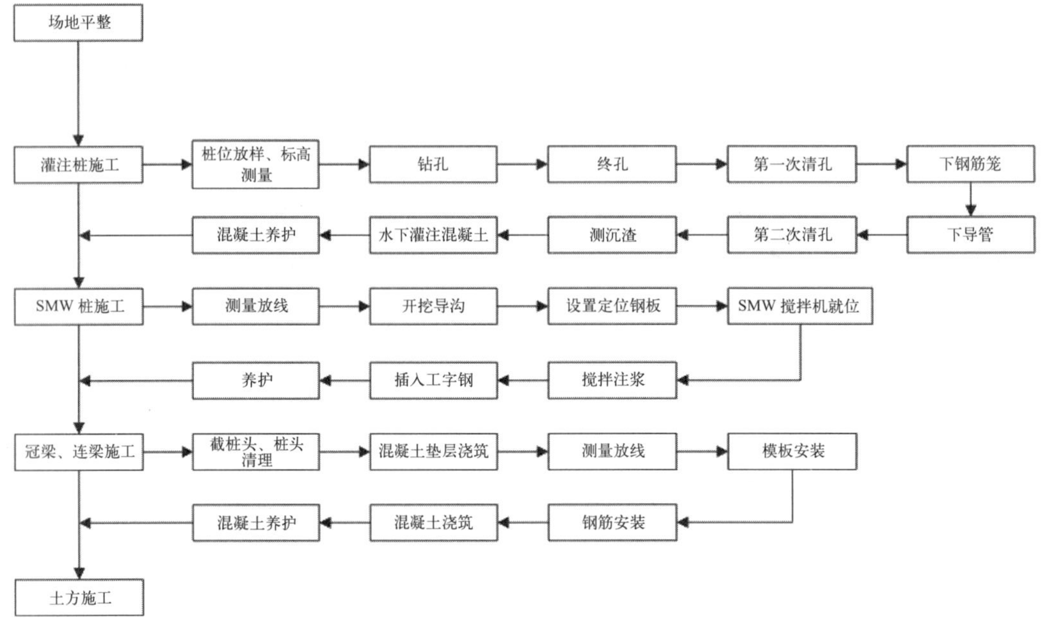

图 5.5-1　复杂环境下 SMW 工法桩 + 灌注桩外拉锚组合保护既有管线施工工艺流程图

5.5.4　技术要点

1. 钻孔灌注桩施工

（1）护筒埋设

护筒采用钢护筒，护筒节间焊接要严密，防止漏水。埋设护筒时采用重压辅以筒内除土法，并检查埋设是否偏位。护筒顶端高出地面 30cm 以上，埋设深度为 2m。护筒底部和周围用黏土换填并夯填密实。以防成孔时护筒下部塌孔。护筒顶标高高出地下水 2.0m 以上。护筒中心应与桩中心线重合，平面允许误差要求在 50mm 内，竖直倾斜不大于 1%。

（2）泥浆循环系统

地层上部为杂填土容易造成孔内坍塌，施工时采用优质泥浆护壁技术。开孔前首先要储备一定数量的黏土用来搅浆，用优质泥浆来护壁和保持孔内水头高度，实现压力平衡，在钻进过程中和停钻过程较长时，也应随时注意泥浆液的水头高度，特别是对易漏浆处，要根据需要及时补充泥浆。施工时，根据桩机的施工安排及路线设置泥浆池，作为泥浆处理系统，并根据施工实际需要设置泥浆沟，泥浆沟池就地开挖。

（3）反循环钻机就位

在埋设好护筒和备足护壁泥浆后，利用汽车起重机配合人工将钻机就位，立好钻架，拉好缆风绳，并调整好起吊系统后，将钻头徐徐放进护筒内，然后安装转盘、钻杆、水龙头等。钻机就位后，调平机座，缓慢放下钻杆，钻头中心与护筒中心对齐，利用自身垂直仪器调整钻杆的垂直度。

（4）反循环钻机成孔

将钻头提高距离孔底 20 ~ 30cm，真空泵加足清水（不得使用脏水），关闭控制阀使管路封闭，打开真空管路使气水畅通，随后启动真空泵产生负压，待泥浆泵充满水时关闭真空泵，立即启动泥浆泵。当泥浆泵出口真空压力达到 0.2MPa 以上时，打开出水控制阀，把管路中的泥水混合物排到沉淀室，形成反循环，启动钻机慢速开始钻进。随着深度增加而适当增加压力和速度，在土质松散层时采用较浓泥浆进行护壁，并放慢钻进速度和转速，轻钻慢进以控制塌孔。待导向部位或钻头全部进入地层后，方可加速钻进，钻孔至满足设计要求的桩底标高后停止钻孔。

（5）反循环钻机清孔

当成孔达到设计深度和指定岩层时，经监理确认后，开始清孔作业。清孔利用储浆池的泥浆进行泥浆正循环置换出孔内的渣浆，在清孔过程中要不断向孔内泵送优质泥浆，保持孔内液面稳定。

（6）吊放钢筋笼

钢筋笼采用现场加工并点焊成型，安装钢筋笼时要求操作平稳，防止钢筋笼发生变形。

（7）二次清孔

每根导管长度 2 ~ 3m，并配有一定的短管。导管就位一定要居中，轴线顺直，稳步下放，防止卡挂钢筋。导管在下孔之前内外要彻底清洗干净，导管下入孔内要加封密圈，确保导管不漏水，并保证其垂直性。导管下放到设计深度后，上端接清孔弯头和胶管，使用砂石泵进行反循环清孔，冲、清孔过程中，每 1h 换一次泥浆，质检员要随时检测沉渣厚度和泥浆比重，沉渣厚度小于 50mm，泥浆比重小于 1.20，并满足设计要求后报监理验收，进入下一道工序施工。

（8）水下混凝土灌注

在灌注混凝土开始时，导管底部至孔底应有 250 ~ 400mm 的空间。首批灌注混凝土的数量应能满足导管初次埋置深度（≥ 1.0m）和填充导管底部间隙的需要。初次混凝土灌注后，经检查溢浆正常，无串浆漏水，导管埋深符合要求，未发现气泡和水泡，即可正常进行水下混凝土灌注。水下混凝土灌注过程中要经常测量孔内混凝土灌注面层高程，以控制导管的提升速度和高度，避免将导管拔出混凝土顶面，造成断桩。

2. SMW 工法桩施工

（1）沟槽开挖

采用 0.8 ~ 1m^3 挖掘机开挖工作沟槽。遇有地下障碍物时，利用挖机进行开挖清障，直到清障完毕，然后回填土压实，重新开挖沟槽。

（2）单轴搅拌桩桩孔定位

单轴搅拌桩中心间距为 500mm，根据尺寸在平行工字钢表面用红漆划线定位，施工过程中按此定位施工。利用钻管和桩架相对错位原理，在钻管上画出深度的标尺线，以便严格控制下钻、提升的速度和深度。

（3）单轴搅拌桩桩机就位

桩机应平稳、平整，并用经纬仪进行观测以确保钻机的垂直度。搅拌桩桩位定位偏差应小于 5cm，桩机垂直度偏差小于 1/250。

（4）搅拌注浆

泥浆采用 ZYJ-60 环保型水泥自动搅拌注浆站搅拌，并通过高压注浆泵、水泥管输送至钻杆头部。钻机在钻进和提升全过程中，保持螺旋杆匀速转动，匀速下沉提升，通过控制下钻和提升的速度均匀一致，使水泥土搅拌桩在初凝前达到充分搅拌，确保搅拌桩的质量。

（5）泥浆清理

由于水泥浆定量注入搅拌孔内，将有一部分水泥土被置换出沟槽内，采用挖机将沟槽内的水泥土清理出沟槽，保持沟槽沿边的整洁，确保 SMW 工法的硬化成型及下道工序的施工，被清理出的水泥土集中堆放，绿网覆盖，随日后基坑开挖一起运出场地或分批外运出场。

（6）工字钢插拔

型钢使用前，在距型钢顶端处开一个中心圆孔，孔径约 8cm，并在此处型钢两面加焊厚大于等于 12mm 的加强板，中心开孔与型钢上孔对齐。在沟槽定位型钢上设型钢定位卡，型钢定位卡必须牢固、水平，必要时用点焊与定位型钢连接固定；型钢定位卡位置必须准确，要求型钢平面度平行基坑方向 $L\pm4$cm（L 为型钢间距），垂直于基坑方向 $S\pm4$cm（S 为型钢朝基坑面保护层）。若型钢插放达不到设计标高时则采用起拔型钢，重复下插使其插到设计标高，下插过程中始终用经纬仪跟踪控制工字钢垂直度。

工字钢的拔除在地下主体结构完成达到设计强度并回填后进行，起拔采用专用夹具及千斤顶以圈梁为反梁，反复顶升起拔回收工字钢；起拔过程始终用起重机提住顶出的工字钢，千斤顶顶至一定高度后，用汽车起重机将型钢吊起堆放在指定场地，分批集中运出工地。

SMW 工法桩现场施工如图 5.5-2 所示。

3. 冠梁、连梁施工

（1）桩头处理

围护桩桩头挖出后，应及时清理渣土并安排机械配合桩头凿除，距离设计桩顶标高 100mm 时应采用人工 + 风镐破凿，必须保证桩顶界面平整，表面干净无杂物、无浮渣。

（2）垫层施工

混凝土垫层厚度 40 ~ 50mm，垫层浇筑时侧模采用 50mm × 100mm 木方，每隔

图 5.5-2　SMW 工法桩现场施工图

500mm 采用 ϕ12 钢筋打钎加以固定。垫层混凝土一边浇筑一边用抹子抹平，应避免过早上人或堆放物料造成破坏。

（3）钢筋安装

考虑到钢连廊框梁的结构安全，为确保沉降符合要求，在主筋安装时应预留与下一段冠梁、连梁相衔接的长度，避免造成下段冠梁、连梁钢筋主筋焊接搭接长度不够或钢筋接头无法按设计要求错开的情况。纵向主筋的搭接采用单面搭接焊，焊缝长度 10d；同一断面内钢筋接头数量不超过 50%，且相邻主筋接头位置错开距离 ≥ 35d（d 为纵向受力主筋直径）。

连廊结构现场钢筋绑扎如图 5.5-3 所示。

图 5.5-3　连廊结构现场钢筋绑扎图

（4）模板安装

为解决连廊结构模板安装后固定困难，浇筑混凝土过程中易发生胀模的问题，通过定位夹持模板以保证连廊结构的成型质量，从而保证支护体系的整体稳定性。

（5）混凝土浇筑

同一施工段的混凝土应连续分段浇筑。由一端向另一端进行，用赶浆法成阶梯状向前推进，与另一段合龙。一般成斜向分层浇筑，分层用插入式振捣棒与混凝土面成斜角斜向插入振捣，直至上表面泛浆，用木抹子压实、抹平。

4. 管线监测

沿管线走向每间隔 10m 布置 1 个监测点，施工过程中每天对管线进行监测，确保在支护及地下室施工过程中管线的安全，待地下室回填后停止监测。

5. 质量保证

（1）钻孔灌注桩施工

1）钢筋、焊材等材料要满足现行《钢筋焊接及验收规程》JGJ 18 要求，进场后要根据规范要求进行材料复试，合格后方可使用。

2）钢筋笼制作严格按设计图纸加工，允许偏差符合现行《建筑地基基础工程施工质量验收标准》GB 50202 要求。

3）钢筋笼主筋制作前必须平直，不得有局部弯曲，钢筋表面不得有油污和锈蚀。

4）钢筋笼主筋与加强箍筋之间点焊牢固，主筋与箍筋之间要绑扎牢固。钢筋搭接采用搭接焊，搭接长度：双面焊 $\geqslant 5d$，单面焊 $\geqslant 10d$，d 为钢筋直径。

5）在钻进过程中要控制进尺，轻压、低档慢速进行，施工中将钻头适当提起，防止出现钻头及钻杆的质量全部靠孔底承受形成扩孔。

6）钻进中不得随意提动钻具，孔壁不稳定地层提升作业时一定要采取回灌措施，保持水头高度以防塌孔。钻进过程中要经常检查钻机的水平情况，并随时用两台经纬仪检查钻杆位置及垂直度，以此保证钻杆的垂直度，确保成孔质量。

7）安装钢筋笼时要求操作平稳，防止钢筋笼发生变形；下放钢筋笼时对准孔位中心轻放、慢放，严禁高起猛落、强行下放，防止倾斜、弯折或碰撞孔壁。

8）灌注桩桩顶高程应高出桩顶设计高程 0.5 ~ 1.0m，以保证凿除桩顶浮碴后桩头的混凝土质量满足设计要求，预加高度可在基坑开挖后凿除，凿除时须防止损毁桩身。

（2）SMW 工法桩施工

1）认真做好各施工班组作业人员分层次技术交底，以及上岗前的培训工作，持证上岗，确保岗位工作质量。

2）进场水泥要做安定性试验，测试报告应在正式施工前完成，确保使用设计强度等级的水泥，进场水泥及时送检，合格后方可使用。

3）保证施工机械设备性能良好状态，对压浆泵进行每分钟压浆量检测，并准备应急备用压浆泵一套，从而确保喷浆的均匀性和连续性。

4）型钢到场需得到监理确认，待监理检查型钢的平整度、焊接质量，认为质量

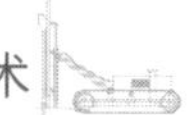

符合施工要求后，再进行下插工字钢施工。

5）型钢进场要逐根吊放，型钢底部垫枕木以减少型钢的变形，下插型钢前要检查型钢的平整度，确保型钢顺利下插。型钢插入前必须将型钢的定位设备准确固定，并校核其水平。

6）型钢吊起后用经纬仪调整型钢的垂直度，达到垂直度要求后下插型钢，利用水准仪控制型钢的顶标高，保证型钢的插入深度。型钢起吊安装前必须重新检验表面的减摩剂涂层是否完整。

（3）冠梁、连梁施工

1）钢筋的安装严格按图施工，不得有私自更改，规格、数量符合要求，不得有缺筋及漏筋现象。

2）箍筋尺寸为内净空长度，拉结筋弯弧直径不应小于 2.5*d*，平直段不应小于 10*d*；箍筋安装时，开口位置要相互错开。

3）混凝土浇筑完毕后，应按施工技术方案及时采取有效的养护措施，应在浇筑完毕后的 12h 以内对混凝土加以覆盖并保湿养护，对采用硅酸盐水泥、普通硅酸盐水泥或矿渣硅酸盐水泥拌制的缓凝土，不得少于 7d，对掺用缓凝剂型外加剂或有抗渗要求的混凝土，不得少于 14d。

4）当冠梁、连梁混凝土强度达到 4.5MPa 以后时，方可进行模板拆除；拆模时先拆除对撑钢管架，然后再拆除背楞方木、模板等，随拆随派人运到指定地点分类码放堆放。

5.5.5　工程应用

1. 工程概况

九江三马路茶文化旅游商业街（一期）工程位于九江市经济技术开发区，浔阳西路南侧，三马路西侧。项目总用地面积 57940.52m^2，建设用地面积 55593.85m^2，总建筑面积 228460.56m^2，其中地上建筑面积 159918.14m^2，地下建筑面积 68542.42m^2，地下二层，建筑高度 99.0m，结构形式为框剪结构。

距离基坑边最近建筑为西侧 4 层独立柱基框架结构的电信大楼，最近点距离基坑边 12.3m；北侧为中心路，在基坑深度范围外；东侧政清路为城市主干道，距离基坑边 6.5m，分布着燃气、排污、电力、电信等管道井；南侧为政廉路，路边局基坑边 6.5m，分布着燃气、排污、电力、电信等管道井。

2. 地质水文概况

（1）工程地质

场地地层包括第四系人工填土层（Q_4^{ml}）、第四系全新统冲积层（Q_4^{al}）、第四系全新统湖积层（Q_4^{l}）、第四系上更新统冲积层（Q_3^{al}）及第三系新余群。按其岩性及其工程特性，自上而下依次划分为：①杂填土、②粉质黏土、③淤泥质粉质黏土、④卵石、⑤泥质粉砂岩和⑥砾岩。

（2）水文地质

场地地下水主要可分为上层滞水、第四系松散岩类孔隙水及基岩裂隙溶隙水三种类型。上层滞水主要接受大气降水的垂直入渗补给，流向低洼地段及蒸发排泄，水位及水量受季节性变化影响大，强降雨或持续降雨后水位上升，无降水时水位下降。水位年变幅一般 1 ~ 3m 左右。

3. 应用效果

本项目基坑支护环境复杂，基坑边为砖砌老旧的排污主管道、燃气管线及一条埋地的高压线，采用钢筋混凝土排桩支护形式，在锚索施工时很容易对地下管线造成破坏，同时老旧的排污管道容易因土体扰动出现大面积开裂；若进行管线迁移施工周期长，且迁移费用高。基坑支护总体施工难度高，根据支护复杂的环境特点，采用 SMW 工法桩 + 灌注桩外拉锚组合在复杂环境下基坑支护施工技术，解决了基坑周边管线复杂，保护管线难度大的问题，大大提高了基坑支护的效率，缩短了总工期，同时降低各种原材的消耗，较大地节约了工程成本。

本技术工艺先进，操作简单，大大提高了成孔施工效率，缩短了总工期，保证了钻孔灌注桩施工质量、安全、进度，且施工时减少了扬尘污染，节能环保，因其施工效果良好，得到业主、监理等各方认可，为解决类似问题提供宝贵经验，取得了良好的经济效益及社会效益。

5.6 复杂拐角环境下地下连续墙 T 字形接缝施工关键技术

5.6.1 技术概况

地下连续墙作为深基坑工程常用的支护结构，具有噪声低、整体性好、施工速度快等特点，地下三层地铁车站常采用此支护方式。但城区换乘车站复杂拐角位置，地下连续墙成槽难度大，槽壁易出现坍塌现象，接缝位置施工质量难以保证，后期易出现渗漏水现象，施工处理成本高、进度慢，且影响基坑安全。采用施工工艺简单、造价较低的地下连续墙 T 字形接缝施工技术，首先施做地下连续墙钢筋笼一字形部分，在标好的接口位置预埋槽钢接头。槽钢接头采用 1cm 厚钢板焊接而成。接头处地下连续墙成槽时，对 T 字形接头位置进行刷壁处理，清除积土、泡沫等杂物，钢筋笼起吊前，接头位置安设两排注浆管，随后完成钢筋笼起吊、混凝土浇筑。采用该项技术，解决了拐角位置易塌方、接头位置易渗水等问题，可有效提升地下连续墙施工质量，保证后续基坑开挖安全。

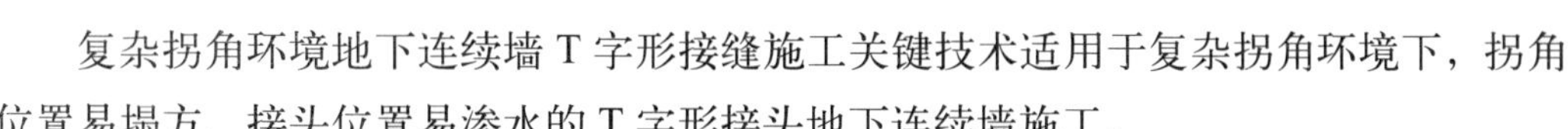

复杂拐角环境地下连续墙 T 字形接缝施工关键技术适用于复杂拐角环境下，拐角位置易塌方、接头位置易渗水的 T 字形接头地下连续墙施工。

5.6.2　技术特点

（1）施工方法简单，施工效率高。与传统方法相比，无需进行拐角位置地表注浆加固，省时省力，效率较高。

（2）施工费用低、工期短。该技术所需槽钢、注浆管费用低廉，施工时在正常地下连续墙施工工序基础上，在一字形地下连续墙钢筋笼侧面增设槽钢接头、T 字形接口处预埋 2 根注浆管，工期较短、成本较低。

（3）降低施工风险，安全有保证。复杂拐角环境下，地下连续墙接头位置成槽施工时易塌方，该技术可有效降低施工风险，提升地下连续墙施工的安全性。

5.6.3　工艺流程

复杂拐角环境地下连续墙 T 字形接缝施工工艺见图 5.6-1。

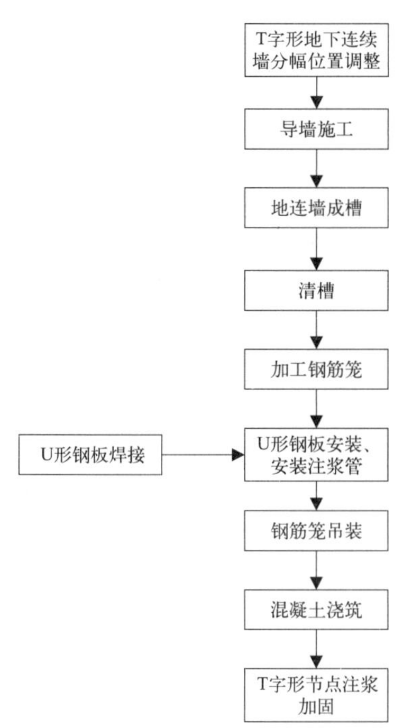

图 5.6-1　复杂拐角环境地下连续墙 T 字形接缝施工工艺流程图

5.6.4　技术要点

1. T 字形地下连续墙分幅位置调整

地下连续墙拐角幅长最短处约为 1.5m，而成槽机抓斗通用尺寸模数为 2.8m，故需对拐角位置周围分幅进行优化调整（宜取 4 ~ 6m），以满足现场机械施工的要求。

2. 导墙施工

（1）为确保后期基坑结构的净空符合要求，避免地下连续墙结构侵入主体结构，导墙中心轴线每侧外放 50mm。导墙施工允许误差为：轴线偏差 ±10mm，净空尺寸 ±5mm。

（2）导墙开挖采用反铲挖掘机，人工修边。

（3）钢筋原材料使用前应调直、除锈、去污，准备好钢筋加工等机械设备，并具备出厂合格证和试验复试合格后方可使用。

（4）钢筋搭接在同一断面内的接头应相互错开，错开距离为 35*d*（*d* 为钢筋直径）、500mm 的较大值，在该区段内所有接头的受力钢筋截面面积占受力钢筋面积的百分率不超过 50%。

（5）导墙混凝土浇筑时，采用溜槽直接由混凝土运输车送入模板内。现场做到分段分层、对称浇筑，每层厚度不超过 30cm，并对混凝土进行充分振捣，以防混凝土浇筑不平衡，导致模板间挤压力不平衡发生爆模等事故。

现场导墙钢筋绑扎如图 5.6-2 所示。

图 5.6-2　现场导墙钢筋绑扎图

3. 地下连续墙成槽

（1）在施工过程中，连续墙成槽应采取合理、安全、必要的措施，如控制泥浆浓度等，确保在成槽和混凝土灌注阶段不致塌孔，保证连续墙的各项指标达到设计要求。

（2）为确保槽壁稳定，成槽时槽壁附近避免荷载和设备对槽壁产生附加应力，并减少振动，成槽的垂直度≤ 1/300，清孔后槽底沉渣厚度≤ 100mm。

（3）连续墙成槽采用泥浆护壁，泥浆的配制应通过试验确定其成分及含量，保证泥浆有稳定的物理化学性能，良好的泥皮形成能力，适当的比重、黏度与流动性。新拌制泥浆应储存 24h 以上或加分散剂膨润土或黏土充分水化后方可进行使用。

（4）单元槽段采用间隔一个或多个槽段的跳幅施工顺序。每个单元槽段，挖槽分段不宜超过 3 个。成槽时，护壁泥浆液面应高于导墙底面 500mm。

地下连续墙成槽现场施工如图 5.6-3 所示。

图 5.6-3　地下连续墙成槽现场施工图

4. 清槽

（1）槽段挖至设计规定的标高后，应检查槽位、槽深、槽宽和垂直度，经验收合格后方可进行清底。

（2）成槽后应对相邻段混凝土端面进行清刷和清底，清刷应到底部；清槽应自底部抽吸并及时补浆，清槽后的槽底泥浆相对密度不应大于 1.15，沉淀物淤积厚度不应大于 100mm。

（3）对地下连续墙型钢（U 形钢板）接头，在吊放地下连续墙钢筋笼前，对槽段接头和相邻墙段的槽壁混凝土面用刷槽器等进行清刷，清刷后的槽段接头和混凝土面不得夹泥。

5. 加工钢筋笼

（1）按设计要求配筋，竖向主筋按幅宽计算根数，钢筋间距可适当调整；每一槽段为一副钢筋笼。为保证钢筋笼的整体性和刚度，要求钢筋笼进行整体拼装。钢筋笼的加强筋和吊点严格按方案实施。吊装时，应防止产生过大变形造成钢筋笼入槽困难或碰撞槽壁，在异形槽段中应尤其注意。

（2）钢筋笼考虑整幅吊下，钢筋接头采用焊接接头或机械连接，在同一断面上连接接头不应超过 50%（接头的错开间距应符合规范要求）。

（3）除钢筋笼四周钢筋交点需全部点焊外，其余交点可采用 50% 交错点焊。

（4）为确保主筋保护层厚度，在钢筋笼与土体接触的两侧面间隔一定距离设置非金属定位垫块，垫块竖向间距取 3 ~ 5m，水平每层设置 2 ~ 3 块，以保证钢筋保护层厚度和钢筋笼的垂直度。

（5）预埋件（管）应与主筋连接牢固，外露管口应封堵严密。

地下连续墙钢筋笼现场加工如图 5.6-4 所示。

图 5.6-4 地下连续墙钢筋笼现场加工图

6. 焊接 U 形钢板、安装注浆管

（1）槽钢高 700mm、宽 100mm、厚 10mm，预埋钢板与钢筋笼通过电焊连接，槽钢内须用泡沫填充和胶带固定，防止浇筑混凝土时发生绕流现象。

（2）严格按照测量放点位置进行 U 形钢板安装，U 形钢板与钢筋笼水平分部筋进行点焊（满焊）连接，确保安装牢固。

（3）钢筋笼起吊前在槽钢两侧采用扎丝固定两排注浆管（外径 20mm、内径 8mm），便于后续接缝位置注浆。

地下连续墙 T 字形节点处 U 形钢板现场焊接如图 5.6-5 所示。

图 5.6-5 地下连续墙 T 字形节点处 U 形钢板现场焊接图

7. 钢筋笼吊装

（1）钢筋笼在槽段清刷、清槽、换浆合格后应及时吊放入槽。

（2）钢筋笼起吊应平稳，应对准槽段中心线缓慢沉入，不得触碰槽壁和强行入槽；吊装时，应防止产生过大变形造成钢筋笼入槽困难或碰撞槽壁。

（3）应按规定负荷进行吊装，吊具、索具经计算选择，严禁超负荷运行。所吊重物接近或达到额定起重吊装能力时，应检查制动器，用低高度、短行程试吊后，再平稳吊起。

（4）钢筋笼分段沉放入槽时，下节钢筋笼平面位置应正确并临时固定于导墙上，上下节主筋对正连接牢固，并经验收合格后，方可继续下沉。

（5）钢筋笼采用双机抬吊方式，正式吊装前先进行试吊。

地下连续墙钢筋笼现场起吊如图 5.6-6 所示。

图 5.6-6　地下连续墙钢筋笼现场吊装图

8. 混凝土浇筑

（1）导管使用前进行水密试验，试验合格方可进行混凝土浇筑施工，导管位置应远离管线保护箱体 30cm。

（2）钢筋笼沉放就位后应及时灌注混凝土，不应超过 4h。

（3）导管下端距槽底应为 300 ~ 500mm，混凝土浇筑应连续进行，不允许间断，中途停顿时间不得超 30min。停顿过程中，经常抽动导管，使导管内混凝土保持很好的流动性。

（4）浇筑过程中，控制导管埋深在 2 ~ 6m，相邻两导管内混凝土高差不大于 0.5m，导管拆卸应同步进行。

9. T 字形节点注浆加固

地下连续墙混凝土浇筑完成 7d 后，在注浆管处，采用 1∶1 水泥浆进行注入，直到注浆材料不再流入且压力计显示没有损失为止。

10. 质量控制

（1）垂直度控制

1）首先施工导墙时控制好导墙内侧的净空尺寸及位置，施工完后及时施做导墙内撑，避免导墙发生变形，影响地下连续墙的垂直度，成槽前对导墙坐标进行复测，保证坐标位置准确。

2）下放钢筋笼时，如有障碍物阻碍下放，要将钢筋笼吊出，阻碍物清理完毕再下放，避免强压钢筋笼入槽导致现场的地下连续墙垂直度不符合设计要求。

3）地下连续墙墙面倾斜度不得大于1/300，表面局部突出和墙面倾斜之和不应大于100mm，地下连续墙上预埋铁件的偏差水平向不大于10mm、垂直向不大于10mm。

（2）刷壁质量控制

1）加强对施工人员的质量意识，派专人负责监管刷壁质量，保证现场刷壁次数满足要求。

2）刷壁工具也要具有针对性，使用新型的刷壁工具，保证将型钢上的残余混凝土清理干净。

3）刷壁质量应达到设计要求。

（3）防绕流质量控制

地下连续墙施工过程对防绕流的质量控制要求较高，如果控制不好，导致混凝土绕流，会留下质量隐患，基坑开挖后接缝处会出现渗漏水。

1）在钢筋笼制作时，将防绕流铁皮固定好，防绕流铁皮本身无缺陷。

2）在现场下放钢筋笼时，控制好下放角度和速度，避免下放破坏防绕流铁皮。

（4）泥浆质量控制

配置泥浆时要控制好原材料的质量，保证原材料符合设计要求。

（5）止水控制

由于交通导改部分的地下连续墙可能产生不均匀沉降，基坑开挖后容易造成渗漏水现象，在施工阶段可以对本段地下连续墙进行外部加固。

5.6.5 工程应用

1. 工程概况

郑州市轨道交通6号线一期工程小营站位于众意西路与龙湖中环路交叉口，是轨道交通6、8号线的换乘站，车站主体结构长598m，标准段宽23.1m，标准段基坑深约17.9m，盾构井深约19.8m。小营站（8号线部分）及换乘节点位置采用地下连续墙+内支撑的支护体系，地下连续墙设计墙厚800mm，地下连续墙嵌固深度为17～20m，成槽深度为40.14～48.04m，采用C35水下混凝土灌注。主体基坑降水采

用止水帷幕 + 坑内降水。

2. 地质水文概况

（1）工程地质

本工区属黄河冲洪积平原，地面高程 87.06 ~ 94.43m，地势整体呈西高东低分布，其中小营路站地面最小高程为 86.65m。车站结构范围地层由浅到深主要为杂填土、黏质粉土、粉质黏土等，区间开挖断面地层由上到下主要为黏质粉土、粉质黏土、细砂层等。

（2）水文地质

本工区沿线地下水位埋深较浅，其中农业东路站地下水位埋深为 6.6m，小营站地下水位埋深为 7.2m，整体呈西高东低分布。地下水位主要受大气降水补给及地表水下渗、地下水径流等影响。地下水的补给形式主要有降水入渗、地表水下渗、地下水侧向径流等补给；地下水年变幅约 1 ~ 2m。

3. 应用效果

郑州地铁 6 号线小营站地下连续墙施工过程中，采用复杂拐角环境地下连续墙 T 字形接缝施工关键技术，提高了施工效率，有效缩短工期 10d，同时保证了工程质量及安全，取得良好的经济效益。

项目成功应用地下连续墙 T 字形接缝施工技术，保证了工期和质量、降低了安全风险，多次得到业主及监理的一致好评，培养了一批专业能力强的技术人员，为今后类似的地下连续墙施工提供宝贵的施工经验，对推动地下连续墙施工新技术应用具有重要意义。同时，采用该技术可有效避免地基注浆加固产生的水泥浆、施工产生的扬尘，对城区项目文明施工标准化提升有较大促进作用，积极倡导国家绿色、节能理念、符合绿色施工要求，具有良好的节能环保效益。

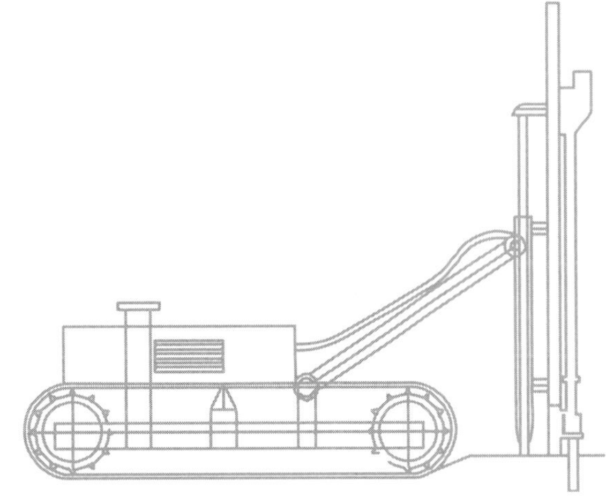

第 6 章　基坑监测关键技术

近年来，我国基坑监测技术取得了迅速的发展，受重视程度也得到了充分的提高，当前基坑监测已经不仅仅成为建设主管部门的强制性指令，同时也成为工程参建各方诸如建设、施工、监理和设计等单位自觉执行的重要工作。本章从技术概况、技术特点、工艺流程、技术要点以及工程应用等多方面总结了基于物联网的深基坑自动化监测、基于三维激光扫描的深基坑实时监测预警以及基于 BIM+3D 激光扫描的复杂深基坑监测等 3 项基坑监测关键技术，保证了基坑施工过程的安全性，具有较高的推广应用价值。

6.1 基于物联网的深基坑自动化监测关键技术

6.1.1 技术概况

相比传统的人工监测，基于物联网和云计算的自动化监测技术是集监测数据的采集、分析、查询于一体的信息管理技术。通过自动化监测技术可以实现监测数据的自动采集、数据传输汇总以及数据远程查询，实现在远程实时查看监测数据，保证工程数据的及时处理，能第一时间发现工程隐患，保障工程的安全进行。自动化监测系统不仅测读快，测读及时，能够胜任多测点、密测次的要求，提供在时间上和空间上更为连续的信息，而且测读准确性和可靠性高。

深基坑工程自动化监测技术主要借助监测仪器、光纤传感元件和技术，对深基坑施工进行实时性、全面性的监测，避免深基坑在各种因素影响下发生变形、坍塌、沉降等，该项监测技术的应用保障了深基坑施工的质量和安全。

基于物联网的深基坑自动化监测关键技术适用于房建工程、市政工程等各类基坑支护结构监测、周边环境监测。

6.1.2 技术特点

（1）高效准确，能实现 24h 不间断监测，避免传统人工采集的误差。

（2）能实现各监测项目的高频率监测。

（3）实时监测及对比，能第一时间发出预报警，有效保证施工安全进行。

6.1.3 工艺流程

基于物联网的深基坑自动化监测工艺流程见图 6.1-1。

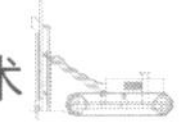

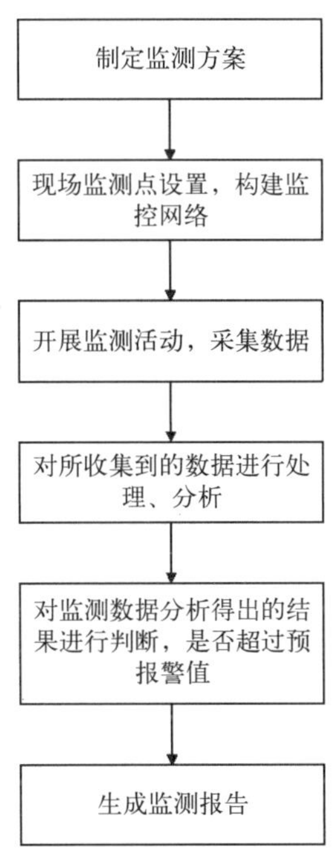

图 6.1-1　基于物联网的深基坑自动化监测工艺流程图

6.1.4　技术要点

1. 水平位移监测

（1）采用设备

二维面阵激光位移计利用激光发射点和光斑位置采集仪之间的相对位移，主要测量建筑物或监测点的横向位移与竖向沉降等参数；广泛应用于基坑周边沉降与水平位移、桥梁挠度监测、边坡沉降与水平位移监测、隧道拱顶挠度监测以及其他建筑物沉降与水平位移的自动化监测；内置锂电池可配备太阳能充电板实现长期的监测。二维面阵激光位移计如图 6.1-2 所示。

图 6.1-2　二维面阵激光位移计示意图

(2) 设备原理

利用激光光束传递监测点与基准点的沉降和位移变化，结合机械传动技术与自平衡校正功能实现高精度监测。

2. 沉降监测

(1) 采用设备

高精度静力水准仪是一款倾角式高精度沉降监测传感器，相比传统的沉降监测传感器，该产品采用进口原件和工业化设计，具有体积小、响应速度快和长期稳定性好的特点。多个传感器通过连接，组成沉降测试系统，广泛应用于路面线形沉降和剖面沉降、大坝线形沉降以及桥梁挠度等结构垂直位移变化的精密测量。

(2) 传感器原理

倾角式静力水准仪将倾角敏感元件安装在不锈钢腔体内，倾角敏感元件采用进口加速度倾角芯片，差分电压信号输出或转换为数字信号输出，具有极低的温度漂移，高精度和稳定性。被测液体液位的升高或下降会使敏感元件的倾角值发生变化，通过精确测量倾角的变化可计算得知液位的变化。

(3) 系统原理

沉降监测系统由多个安装在不同测点的倾角式静力水准仪组成，其中一个安装在不动点作为基准点。通过连通水管将每个传感器连接，整个系统一定量的水，水箱与大气相通，保证系统的稳定性。测点传感器发生沉降，会带动基准点传感器液位也发生变化，通过测量测点传感器与基准点传感器各自的液位值，计算相对参考点的沉降变化。

3. 深层水平位移监测

无线实时自动化测斜仪主要适用于测量边坡、基坑、土方滑坡等工程的深层水平位移（测斜）监测，该设备具有高精度、高密度、成本低、易保护、可回收重复使用等优点，真正实现深层水平位移（测斜）的自动化采集。采用电涡流微位移测量电路，计算倾斜原理。可靠性好，数据一致性稳定，安装方便，使用方便。测斜仪具有自动校准、初始归零、实时无线传输等功能。

4. 地下水位监测

采用预埋水位管并用跟踪式自动化水位计测量水位变化。跟踪式自动无线水位计采用对地涡流电阻式测量水位高差变化，伺服电机根据水位变化实时测量；并无线传输测量数据；具有精度高、自动化测量、实时传输等功能；可应用于基坑周边水位自动化测量、湖泊水位实时测量，以及其他水位自动化监测领域。地下水位现场监测如图 6.1-3 所示。

5. 锚索内力监测

(1) 安装要求

根据结构设计要求，锚索计安装在张拉端或锚固端，安装时钢绞线或锚索从锚索

图 6.1-3　地下水位现场监测图

计中心穿过，锚索计处于钢垫座和工作锚之间，并从中间锚索开始向周围锚索逐步加载以免锚索计的偏心受力或过载。现场锚索计安装如图 6.1-4 所示。

图 6.1-4　现场锚索计安装图

（2）测试方法

振弦式锚索测力计的测试用振弦频率读数仪完成。将信号线的插头插入信号地址接口，仪器待测原件编号与现场原件编号保持一致，信号线的相应夹头夹接相应振传感器的引出线，待读数稳定且无跳动现象时，记录并保存读数。

6. 建筑物倾斜监测

建筑物倾斜监测主要用于基坑周边建筑物的健康监测，采用高精度无线倾角仪，分别在建筑物顶部周边安装实施。

高精度无线倾角仪是基于移动网络传输方式的倾角传感器。广泛应用于建筑施工倾斜的监测、建筑危房倾角监测以及其他倾斜类监测；应用于施工场地周边建筑物变形监测、老旧房屋安全监测及结构微位移自动化监测。

7. 数据采集

深层水平位移及振弦类传感器采用智能无线数据采集终端采集数据，实现数据直接通过网络传输到系统平台。数据采集设备如图 6.1-5 所示。

图 6.1–5　数据采集设备图

智能无线数据采集仪主要应用于监测过程中传感器数据的无线采集与传输；可采集模拟信号、电压信号、电流信号、振弦信号、串口信号等，并将数据传输到云平台。

8. 平台端应用

在平台端可以显示各传感器位置，统计各监测点数据是否正常、是否超出报警值、是否超出控制值。平台可以统计监测类型占比，同时显示地下水位、深层水平位移、基坑周边沉降、水平位移监测数据，并统计 30d 内报警情况。基于物联网的三维可视化监测云平台如图 6.1-6 所示。

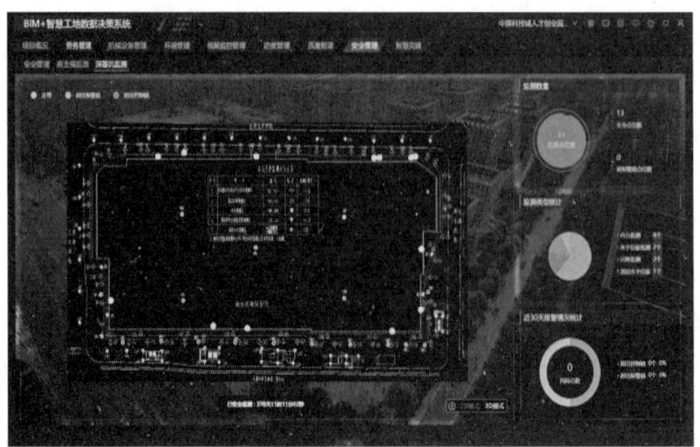

图 6.1–6　基于物联网的三维可视化监测云平台图

移动端可以查看深基坑传感器运行数据、监测点位、安全点位、报警点位、单次及累计变化值、变化速率、报警记录等。基坑监测移动端如图 6.1-7 所示。

图 6.1-7　基坑监测移动端

6.1.5　工程应用

1. 工程概况

中原科技城人才创业园项目位于郑州市郑东新区龙源西三街东、龙湖中环北路北、龙泽西路南、龙源西二街西围合区域。基地毗邻龙湖金融中心，周边经济、学术、交通资源包括国际会展中心、龙子湖高校区、郑州高铁站。项目总占地面积约为 71735.90m^2，总建筑面积约为 287000m^2，其中地上建筑面积为 172000m^2，地下建筑面积为 115000m^2。该地块南侧紧邻地铁 4 号线龙湖中环北地铁主体车站及其附属结构，场地东南角为地铁站 4 号、5 号出入口，地铁车站主体结构基底高程为 69.25 ~ 70.04m，局部地铁筏板底较深为 66.15m。

2. 地质水文概况

（1）工程地质

拟建场地所处地貌单元为黄河冲积平原，属拆迁用地，场地内堆放有拆迁建筑垃圾，各勘探点孔口标高约为 85.35 ~ 88.00m，最大高差 2.65m。与基坑支护有关的工程地质及水文地质条件见表 6.1-1。

岩土地层参数表　　表 6.1-1

层号	层名	重度 (kN/m^3)	黏聚力（kPa）	内摩擦角（°）	压缩模量 (MPa)	地基承载力 (kPa)	平均厚度 (m)
①$_{-1}$	杂填土	18.0	5.0	10.0	—	—	2.22
①$_{-2}$	素填土	18.0	5.0	10.0	—	—	0.99

续表

层号	层名	重度 (kN/m³)	黏聚力（kPa）	内摩擦角（°）	压缩模量 (MPa)	地基承载力 (kPa)	平均厚度（m）
②	粉土夹细砂	19.37	15.6	25.2	7.1	20	2.11
③	粉质黏土	19.2	23.2	14.7	3.8	105	4.02
④	细砂	19.0	3.0	25.0	16.5	190	6.10
⑤	细砂	19.0	2.0	26.0	24.0	260	6.59
⑤$_{-1}$	粉土夹细砂	19.44	12.4	24.5	15.0	190	2.49
⑥	细砂	19.0	2.0	28.0	30.0	320	8.99

（2）水文地质

场地稳定地下水位位于现自然地表下 2.1 ~ 6.2m 左右，绝对高程 77.8 ~ 80.8m。场地地下水属第四纪孔隙潜水，主要受季节性降雨和地表水体补给影响，大气降水影响的水位年变化幅度约 2.0m。根据调查了解，近 3 ~ 5 年的最高水位绝对高程约 82.5m，历史最高水位绝对高程约 85.5m。

3. 应用效果

基于物联网的深基坑自动化监测关键技术在基坑工程动态监控与预警管控中取得了良好的应用效果，实现了数据采集、传输、处理与分析一体化管理，将基坑监测信息、预报警处置机制、监测结果有机融合在一起，构建了深基坑监测管控可视化协同平台，大大提高了监测人员责任心，有效指导基坑施工，对基坑工程施工过程中安全风险起到了预防作用。

6.2 基于三维激光扫描的深基坑实时监测预警关键技术

6.2.1 技术概况

传统基坑变形监测是由建设单位委托具备相应资质的第三方对基坑工程实施现场监测，其方法是由监测单位通过观测提前设置于基坑周边各测点的位移，综合评定基坑的变形位移，一级基坑监测频率为 1 ~ 2 次 /d，且检测结果与报告均迟于监测过程。为进一步提升监测精度和预警速度，创新采用全站扫描仪技术、基坑实时安全监控系统和点云模型实时对比系统相结合，实现了点、面结合基坑实时安全监测在房建工程的成功应用。

根据规范要求和工程现场条件，划定需要监测的区域和范围。根据现场地形条件和监测需要划分各监测区段或监测面，并以此合理选择监测仪器数量和相对稳定的仪器架设位置。根据监测仪器观测条件和规范要求，选取监测点的布设位置和数量，以

满足监测需要。在相对稳定的位置架设监测仪器并设置固定后视点，保证其在整个监测过程中不受施工现场扰动影响或不定期校准定位信息。架设有线网络或无线网桥，连接监测设备和软件控制终端，并保证传输线路畅通。开始监测前，对监测面或监测区段以及各个测点进行初始扫描、设置、数据采集和校对，并以此数据和模型作为监测对比基准。根据规范要求和现场安全控制要求设置监测预警值，一旦出现超预警值数据将触发电子报警并发送报警信息，现场安全管理人员根据报警信息和现场观测核对情况，发布调整施工部署、施工机械转移、人员暂时撤离或疏散、紧急清场等不同等级的安全指令，并指挥现场人员按预定方案进行紧急撤离和避难。监测人员定期通报监测结果和变形趋势，并以此合理协调现场施工部署，做到防微杜渐。

基于三维激光扫描的深基坑实时监测预警关键技术适用于房建工程、公建工程、市政工程、地下空间开发等工程的各类基坑监测、边坡监测、路基监测和隧道监测等。

6.2.2　技术特点

（1）通过全站扫描仪将测量机器人自动化点位观测与激光扫描点云采集有机结合，将实时动态的位置点亚毫米位移数据与基坑面色谱分析数据综合处理，获得的基坑监测数据更精准、更实时、更可靠。

（2）深基坑实时安全监测系统和点云模型实时对比系统将对所有数据分析比对，通过数值列表和动态曲线的方式实时显示监测数据和变形趋势。

（3）相较于传统的基坑变形监测 1 ～ 2 次 /d 的监测频率，采用高性能全站扫描仪设备和控制软件，可以实现全天候 24h 不间断监控，保障地下施工阶段基坑安全监测。

（4）相较于传统基坑变形监测方法，本技术采用高性能全站扫描仪，结合专项开发的基坑实时安全监控系统和点云模型实时对比系统，不间断的实时完成数据采集、传输、分析和预警，消除过程时间差，同时监测精度达到 0.5mm，大大提高了安全监测效率和反应速度。

6.2.3　工艺流程

基于三维激光扫描的深基坑实时监控预警工艺流程见图 6.2-1。

6.2.4　技术要点

1. 技术准备

基坑监测前，应根据规范要求、现场情况和施工监测需求，划定需要监测的区域和范围并细分各监测区段或监测面、选择合适的监测设备及合理的架设位置、确定监测点的布设位置和数量、架设信号传输设备等，并完成基坑初始状态扫描和预警值设置。

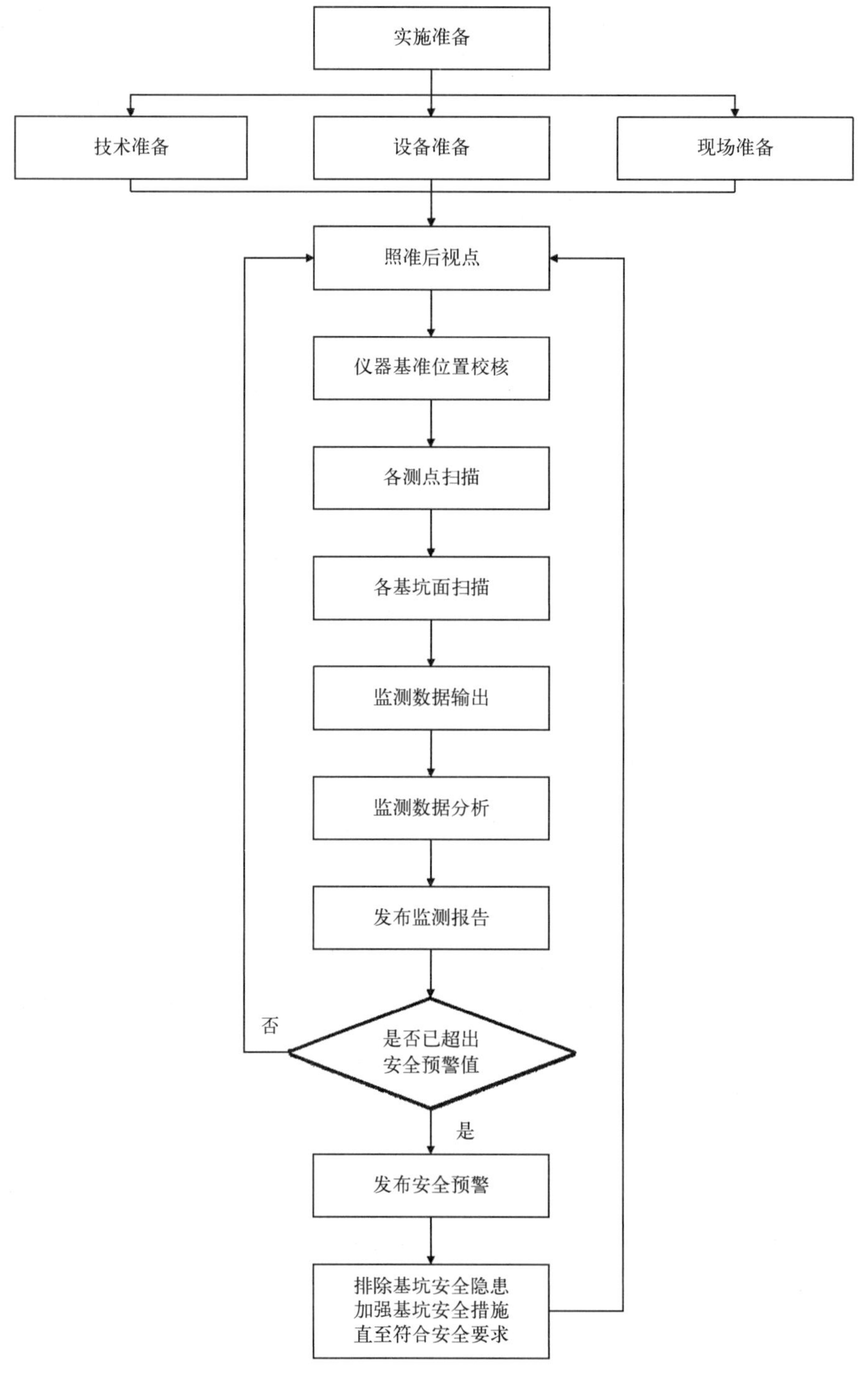

图 6.2-1　基于三维激光扫描的深基坑实时监控预警工艺流程图

2. 设备准备

根据工程情况，选择性能良好且满足监测要求的三维激光扫描仪器及其配套软硬件，仪器应设置在视野良好且满足各测点和基坑面监测要求的监测位置上。监测仪器架设处须保证地面稳定且不受施工扰动影响，有条件的情况下可以制作可固定式仪器支架，并在整个监控过程中，将其固定于预设的监控架设点位上。全站扫描仪现场准备如图 6.2-2 所示。

图 6.2-2　全站扫描仪现场准备

3. 测点布设

基坑工程监测点的布置应最大程度地反映现场监测区段的实际状态及其变化趋势，并应满足监测要求。监测点宜设置在基坑边坡坡顶上。监测点间距不宜大于 20m，每边监测点数目不应少于 3 个。根据施工现场及施工部署情况，应对堆载集中和机械设备集中的位置附近重点监测，并对相应区段测点布设进行加密。

采用三维激光扫描技术，可实现基坑顶单个测点水平位移和竖向位移的同时监测；另外通过扫描形成点云模型技术，用以对基坑边坡临空面及边坡支护结构各点进行全面监测。基坑边坡扫描面域划分及棱镜布置实景如图 6.2-3 所示。

图 6.2-3　基坑边坡扫描面域划分及棱镜布置实景图

4. 测点棱镜架设

按照测点布设位置，在基坑顶硬化后的地面上架设观测棱镜，保证其相对稳定且不受土体扰动影响；并将其镜面正对三维扫描监测仪器，不得遮挡，保证良好的监测条件。固定后视点棱镜应设置在施工场地外不受施工扰动影响的固定位置或既有建筑上，并保证监测仪器对其良好的视野，便于随时照准、校核。

5. 传输线路架设

根据现场条件，架设有线网络或无线网桥设备，并保证其数据传输畅通，用于监测仪器和控制终端之间的数据与操作指令的实时传输。

6. 初始状态设置

在各类设备均按要求架设到位后，由控制终端发出指令，对基坑上各监测点和基坑边坡面进行初始扫描。再次照准后视点进行定位数据校核后，进行第二次全面扫描，并与首次扫描的点和点云模型数据进行比对，比对结果显示基坑稳定后，即获得了稳定可靠的基坑初始数据，并将其设置为整个监测过程的初始状态，作为每次数据比对的基准依据。

7. 基坑监测方法

（1）基坑监测工作流程

1）仪器监测流程：照准后视点→仪器基准位置校核→对各监测点逐一照准并采集数据→对各基坑面逐一扫描并采集点云数据→完成一次扫描→再次照准后视点进行下一次扫描工作。

2）监测点数据分析流程：获得监测点数据→比对生成各测点纵向、横向和高程的位移数据→分析数据→发布监测结果或发布安全预警信息。

3）基坑面数据分析流程：获得监测面点云数据→比对生成监测面上各点变形与位移数据→分析数据→发布监测结果或发布安全预警信息。

（2）照准后视点

每个监测扫描循环开始前，必须首先完成后视点的照准工作，确保每次扫描数据的相对独立性和准确性，避免连续长时间监测工作中扫描数据误差的累积影响。

（3）仪器基准位置校核

整个基坑监测过程须保证仪器位置相对稳定，不受施工扰动干扰。在每次扫描程序开始前，照准后视点后，系统将自动识别仪器的位置数据，并以此作为单次扫描的数据基准点，以确保每次扫描的数据不受仪器位置变动或晃动等影响。

（4）基坑监测数据扫描

1）监测点位扫描

基坑监测数据扫描主要分为监测点位扫描和各基坑面扫描两部分。作为基坑顶面直接数据的反馈，监测点位扫描的数据更加快速和便捷。通过对基坑顶面设置好的观测棱镜逐一照准，并完成监测点位左、右照准数据的分别读取和对比校核，实时生成

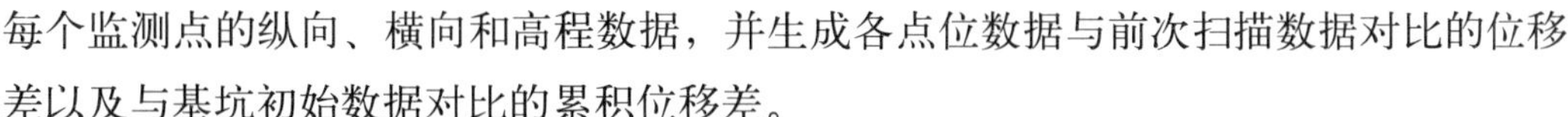

每个监测点的纵向、横向和高程数据，并生成各点位数据与前次扫描数据对比的位移差以及与基坑初始数据对比的累积位移差。

2）基坑面域扫描

基坑面域扫描将对预先设置好的需要监测的基坑面逐一扫描并生成点云模型，根据扫描精度和现场情况，可以预设基坑面扫描的精度和点云的数量级。每次基坑面扫描所生成的点云模型将自动与前次扫描点云模型和基坑初始模型进行对比，实时生成点云模型变形分析图和最大变形数据，高亮显示基坑面变形区域，并通过颜色深浅区分变形量的大小，同时基坑面上每个点位均可查看具体点位数据和变形量数据。

（5）数据收集与整理

每个基坑监测扫描时间为 20 ~ 30min，对基坑顶各监测点和各基坑面完成一次完整的扫描和数据收集。（根据基坑监测设置的监测点位数量和基坑面扫描精度不同，一次扫描的完成时间略有差异。）

每组监测点位数据和基坑面点云模型数据将实时与前次扫描数据和基坑初始数据进行对比，并生成每组监测点和每个基坑面点云位移值，从而获得其实时变形量和累计变形量。

基坑顶各点位累计矢量位移见图 6.2-4，累计高程位移变化折线见图 6.2-5。

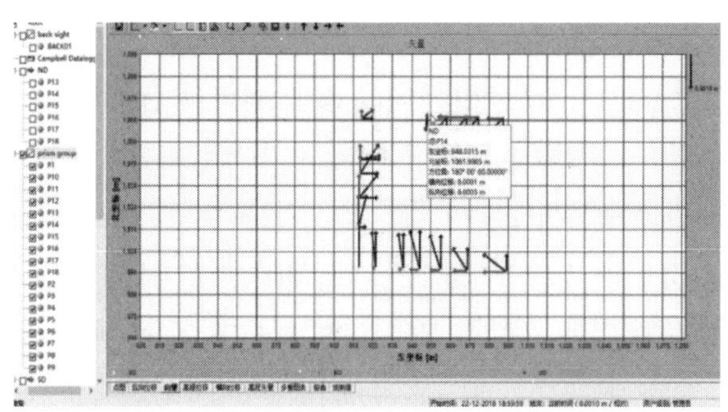

图 6.2-4　基坑顶各点位累计矢量位移图

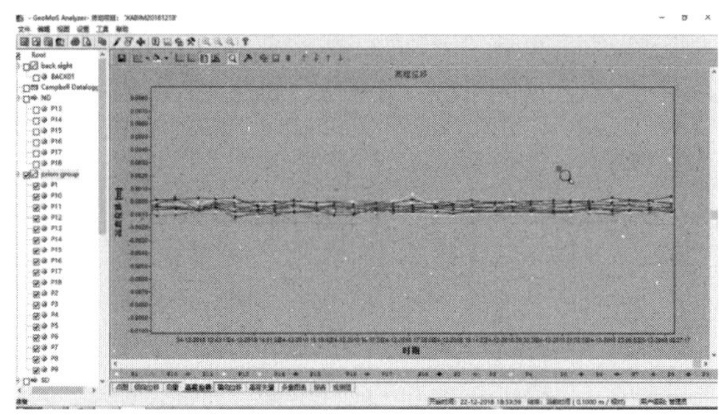

图 6.2-5　基坑顶各点位累计高程位移变化折线图

（6）扫描数据分析与监测报告

获得每组监测点和每个基坑面点云位的变形监测数据后，生成全部监测点位和基坑面点云的数据曲线和扫描图像，系统将选取最大变形值，并高亮显示最大变形值及其发生部位。

根据每次扫描所获得的完整数据，结合现场施工实际情况，可以分析出各监测点位和基坑面是否发生施工扰动变形以及变形发生的原因，并形成每次基坑安全监测扫描的监测报告，用以指导现场安全协调与安全疏散管理。

（7）发布监测结果与安全预警通知

每次基坑安全监测扫描完成并形成分析结果和监测报告后，安全监测人员应及时根据监测数据核实现场情况，对基坑变形较大区域进行加强周边现场管理、适当减少车辆、增加车辆与基坑安全距离以及紧急疏散人员等管理协调措施。

当出现超出规范要求的预警值时，应及时发布现场广播通知，紧急疏散现场施工人员及车辆，确保现场人员的人身安全。随后核实基坑现场情况，分析超预警变形值的原因和部位。根据现场调查结果，加强基坑安全措施和调整施工车辆、机具现场协调措施或解除基坑危险预警。

出现基坑安全隐患时，应及时落实加强基坑安全措施和现场施工调整，并符合施工安全要求后，方可解除安全预警，并按照各项加强和调整措施逐步恢复施工生产。

8. 质量控制

（1）基坑边坡顶部的水平位移和竖向位移监测点应沿基坑周边布置，基坑周边中部、阳角处应布置监测点。监测点间距不宜大于 20m，每边监测点数目不应少于 3 个。监测点宜设置在基坑边坡坡顶上。

（2）围护墙顶部的水平位移和竖向位移监测点应沿围护墙的周边布置，围护墙周边中部、阳角处应布置监测点。监测点间距不宜大于 20m，每边监测点数目不应少于 3 个。监测点宜设置在冠梁上。

（3）深层水平位移监测孔宜布置在基坑边坡、围护墙周边的中心处及代表性的部位，数量和间距视具体情况而定，但每边至少应设 1 个监测孔。

（4）围护墙内力监测点应布置在受力、变形较大且有代表性的部位，监测点数量和横向间距视具体情况而定，但每边至少应设 1 处监测点。竖直方向监测点应布置在弯矩较大处，监测点间距宜为 3 ~ 5m。

6.2.5 工程应用

1. 工程概况

荣民金融中心项目位于西安市未央区未央路与凤城南路交叉口东南角，塔楼：地下 3 层、地上 57 层；塔楼建筑高度：屋面 249.5m、幕墙 269.9m。总建筑面积：

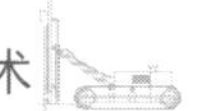

143354m²，其中：地上 128135m²、地下车库 15218m²，地下采用整体筏板基础，塔楼主体范围以内基础筏板厚度为 3.4 ~ 9.5m，塔楼主体范围以外基础筏板厚度为 0.8m，基坑深度达 15m，地下基础筏板混凝土强度等级为 C40。

基坑北侧紧邻凤城南路，距离北侧围墙 10 ~ 15m；东北侧靠近已完工住宅楼处为地下室坡道入口；西侧紧邻未央路，西侧施工道路宽度约 7m；南侧紧邻办公区，施工道路约 7m；东侧为已完工住宅小区。地铁 2 号线距离基坑西侧 21.3m，基坑采用旋喷锚索土钉墙支护。

2. 地质水文概况

（1）工程地质

根据邻近项目的勘察资料，本场地原始地形总体较为平坦，平整度较好。场地内无不良地质存在，场地稳定，地基土分布较连续、较均匀。场地地层特征描述见表 6.2-1。

地层特征描述表　　表 6.2-1

层号	层名	层厚（m）	压缩系数	岩性描述	
				颜色	状态
①	杂填土	0.7 ~ 2.8	—	杂色	松散
②	粉质黏土	0.7 ~ 7.0	0.49	黄褐色	硬塑
③	粉质黏土	4.5 ~ 13.8	0.21	黄褐色	可塑
④	粉质黏土	2.8 ~ 4.6	0.18	棕红色	可塑
⑤	粉质黏土	6.8 ~ 9.9	0.18	褐黄色	可塑~软塑
⑥	细砂	2.0 ~ 6.0	—	黄褐色	密实
⑦	粉质黏土	6.2 ~ 8.6	0.18	灰黄色	可塑~硬塑
⑧	中砂	3.1 ~ 4.6	—	黄灰色	密实
⑨	粉质黏土	6.4 ~ 8.3	0.18	浅灰色	可塑~硬塑
⑩	中砂	3.2 ~ 4.6	—	浅灰色	密实
⑪	粉质黏土	14.3 ~ 16	0.2	灰色	可塑
⑫	粉质黏土	20.1 ~ 23.6	0.18	灰色	硬塑
⑬	中砂	3.8 ~ 6.2	—	浅灰色	密实
⑭	粉质黏土	11.5 ~ 17.8	0.21	黄褐色	可塑~硬塑
⑮	粉质黏土	18.8 ~ 21.5	0.19	黄褐色	可塑~硬塑

（2）水文地质

本工程地下水稳定埋深 9.0 ~ 17.5m，相应水位标高介于 380.57 ~ 381.34m，属潜水型。地下水位年变化幅度按 2m 考虑，抗浮设计水位按 385.0m。

3. 应用效果

项目创新采用先进的三维激光扫描监测设备和智能监控系统进行基坑实时监测预

警，其所采用的三维激光扫描“点测＋面扫”方案在深基坑施工全过程动态监测中得到应用，在国内房屋建筑领域超前。该技术可实现全天候、不间断的深基坑安全监测和实时数据反馈，第一时间发现隐患和发布预警信息，为深基坑施工过程中的基坑安全提供更加便捷、可靠的安全监测和预警保障。同时，本技术的使用也获得了上级行政主管部门及建设单位的支持和关注，其高效性、实用性和监测数据的及时性都获得了施工各方的一致好评。

6.3 基于 BIM+3D 激光扫描的复杂深基坑监测关键技术

6.3.1 技术概况

利用 3D 激光扫描对复杂深基坑监测数据进行高效采集，综合利用 BIM 技术建设可视化的基坑安全监管平台，形成一套高效获取、存储、更新、操作、分析及显示的基坑监测集成系统，使参建各方都能在同一信息平台中协同工作，更形象、直观、及时有效地展示复杂基坑变形监测情况，大大提高了基坑安全监管的时效性与及时性，对深基坑全过程安全管理具有积极的推动意义。

基于 BIM+3D 激光扫描的复杂深基坑监测关键技术适用于基坑工程水平位移、竖向位移的实时监测。

6.3.2 技术特点

（1）充分利用三维 BIM 可视化的特点，实现复杂深基坑工程施工过程监测可视化。

（2）将三维激光扫描技术应用于复杂深基坑监测中，对重点支护面域变形实现更加全面和准确的监测，弥补传统监测技术的不足。

（3）实现 3D 激光扫描点云数据在网页平台端的数据接口对接，实现与 BIM 模型间对比，具有危险源识别功能。

（4）引入预警阈值，对基坑变形监测数据进行自动识别分析，实时预警推送，确保相关人员能够及时获取信息，快速处置。

6.3.3 工艺流程

基于 BIM+3D 激光扫描的复杂深基坑监测工艺流程见图 6.3-1。

6.3.4 技术要点

1. 基坑 BIM 模型可视化

利用 BIM 技术可视化、参数化等特点，将基坑变形监测数据与 BIM 模型关联，

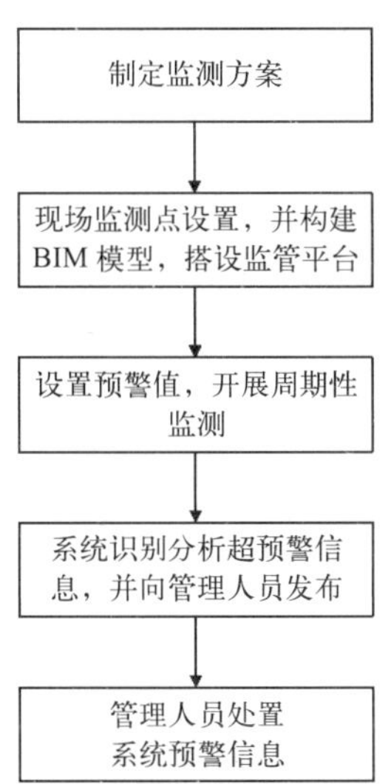

图 6.3-1　基于 BIM+3D 激光扫描的复杂深基坑监测工艺流程图

通过在 BIM 模型中建立基坑的三维变形监测点以及监测点的色彩展示实现深基坑监测的可视化。

基坑监测点 BIM 模型显示效果如图 6.3-2 所示。

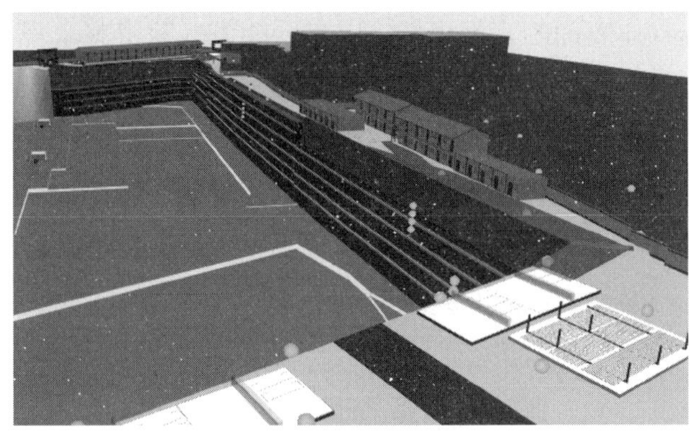

图 6.3-2　基坑监测点 BIM 模型显示图

2. 基坑 BIM 模型轻量化

通过对 BIM 模型做轻量化处理，使 BIM 模型在网页平台端能正常显示。模型轻量化，是指去除 Revit 模型中的非几何信息，仅保留了产品的结构和几何拓扑关系，文件所占用的空间会小很多，从而可以在网页端正常显示。具体操作是将 Revit 或 NavisWors 中的三维模型的几何数据和属性信息无损地输出到理正自定义的 lbp 文件中，lbp 轻量化格式可以脱离 Reivt 平台，在浏览器、手机端进行轻量化展示应用。

Revit 模型导出 lbp 格式在云平台显示效果如图 6.3-3 所示。

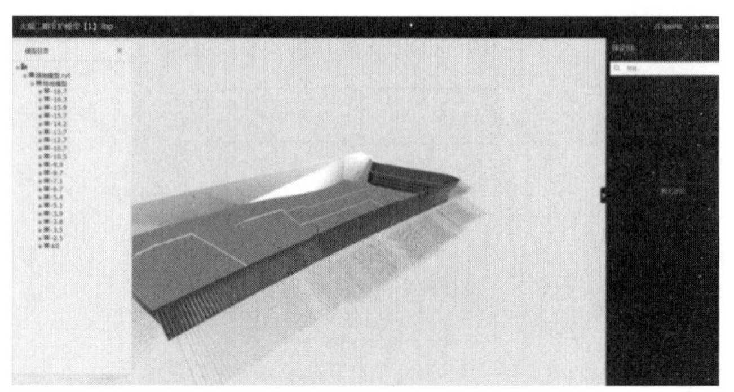

图 6.3-3　Revit 模型导出 lbp 格式在云平台显示图

3. 3D 激光扫描基坑应用

深基坑监测一直以来是一项重要而且复杂的系统性工作，传统的单点式测量方式采集数据，具有测量工作量大、成本高、效率低的特点。在遇到复杂环境条件的深基坑（如基坑距离周边建筑过近、临地铁、市政管线穿过、毗邻江河、地质条件特别复杂等）变形监测时，面临数据采集困难、测量人员不能直接到达或不能保证测量人员的安全等难题。

将三维激光扫描技术引入到诸如上述条件的复杂深基坑的监测中，将充分解决这一难题；一方面，它拥有多项先进技术，和常规的二维技术相比有其独特的优势，可直接获取扫描目标物体表面的三维坐标，以点云的方式获得整个观测物的表面空间信息，通过对点云数据的分析可以得到深基坑的变形情况，改变了传统数据获取方式，由面式扫描的数据获取方式逐渐代替了传统的单点测量数据方式，极大地提高了数据获取效率、拓宽了采集范围，使得变形监测工作更简便、高效。另一方面，改变了传统的变形分析方法，将传统的固定单点分析拓展为整体分析，更客观反映基坑整体变形。

现场三维激光扫描监测如图 6.3-4 所示。

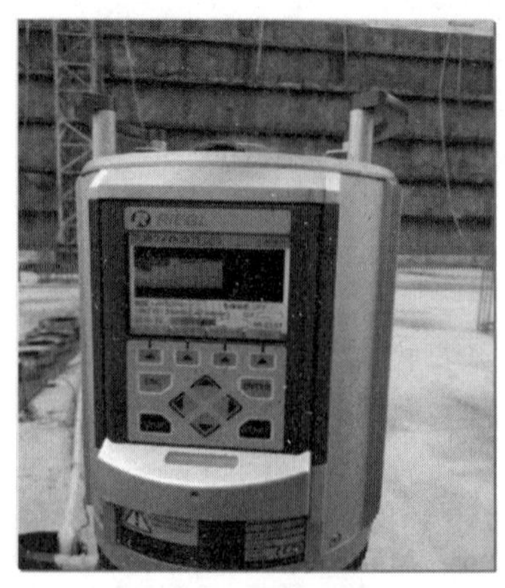

图 6.3-4　现场三维激光扫描监测图

4. 3D 激光扫描数据对接 BIM 模型

点云通常太大，无法直接存储到内存中，因此必须使用特殊算法进行处理，系统支持在 web 浏览器中对十几亿个点云数据进行流式传输和渲染，采用按需加载的多分辨率点云层次结构。这种多分辨率层次结构可以由数百万个文件分块节点组成，避免被存储在单个文件中而增加初始加载时间。低分辨率的分块存储在根节点中，并且随着每个级别的增加，分辨率也逐渐增加，从而在保障流畅度的情况下呈现更多细节。该结构同时能够剔除视锥体外的点云区域，较高细节渲染近处的区域，较低细节渲染远处的区域。

通过对主流品牌的 3D 激光扫描仪型号、性能以及可行性进行调研与验证测试，选取 ×las、×laz、×ply 三种格式的激光扫描数据作为上传云平台的格式。针对这三种格式开发数据接口，对点云模型进行数据压缩采用三维图形引擎在 web 端显示。

通过选取基坑监测项目的测量放线公共基准点为点云模型和 BIM 模型的坐标体系原点，从而建立统一的坐标体系。在 Revit 模型中通过定义项目基点、测量点建立与实际项目测量放线坐标体系保持一致的坐标系，选取三个轴网交叉点坐标来验证坐标体系的正确性；在使用三维激光扫描仪扫描基坑现场时使用高精度全站仪，以项目测量放线公共基准点为原点通过设置无遮挡的标靶点建立与现场一致的坐标体系，通过读取标靶点坐标和标志物的坐标来验证坐标体系的正确性。通过上述操作将三维激光扫描的各期点云数据与 Revit 模型回归到统一坐标系，与现场测量放线坐标体系保持一致，从而进行数据的对比分析。

在模型中导入每天的监测数据并采用 4D 技术（三维模型 + 时间轴）+ 变形色谱云图的表现方式，综合基坑监测点位布置分布图，在基坑监测系统平台上显示，实现模拟基坑各测点变形云图及变形趋势，方便工程师、管理人员、业主、施工人员等查看基坑围护结构的变形情况。基坑位移云图见图 6.3-5。

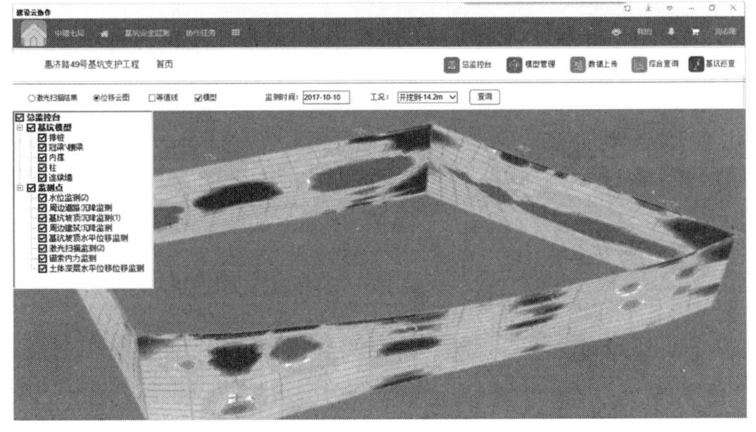

图 6.3-5　基坑位移云图

5. 基坑监测系统平台

利用 BIM 技术和 3D 激光扫描技术的各自优势，完成基于“BIM+3D 激光扫描”技术基坑监测高效获取、存储、更新、操作、分析及显示的集成系统软件平台开发。通过在平台端，引入预警阈值，对录入数据进行自动识别分析，实时预警推送，确保相关人员能够及时获取信息，快速处置，具体实现是根据“双控”指标（累计变化量、变化速率）与规范报警值的比例关系，软件将基坑监测的预警等级细分为黄色预警、橙色预警和红色预警。并在监测数据上报的同时对预警信息进行判断，及时对超限的情况提出预警，并发起相应预警处理机制。

通过平台将基坑施工安全管理相关干系方有机连接起来，实现了监测数据录入与分析结果的及时共享，消除了信息孤岛，提高了管理效率。

平台系统框架如图 6.3-6 所示。

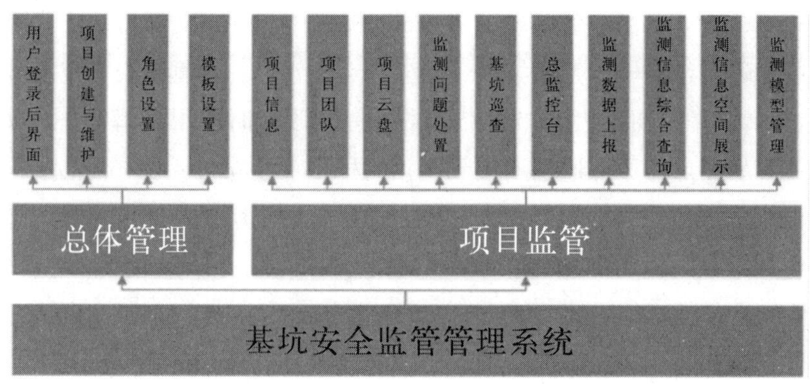

图 6.3-6　平台系统框架图

6. 平台辅助远程监控

平台端辅助远程监控，改变传统基坑安全监测管理模式。使用 RTSP 协议实现施工现场视频监控接入到平台，在远程实时监控基坑安全。将施工现场基坑监测摄像头接入到平台可远程实时监测基坑安全，基坑监测数据及现场巡查记录在三维 BIM 模型中显示可以实时在网络端平台查看，实现企业总部的远程监控。平台端辅助远程监控，改变传统基坑安全监测管理模式。

总监控台可以实现在三维状态下查看基坑安全监管情况，如图 6.3-7 所示。

视频监控可以动态显示基坑以及周边环境的动态信息，并以视频的形式进行输出，如图 6.3-8 所示。

结合 BIM 模型对监测点信息进行直观的综合查询。可以浏览监测点的变化值、累计变化值、变化速率、是否超限等。当检测值超出预定范围，会进行报警，并可以进行监测点定位、记录，如图 6.3-9 所示。

图 6.3-7　总监控台界面

图 6.3-8　视频监控

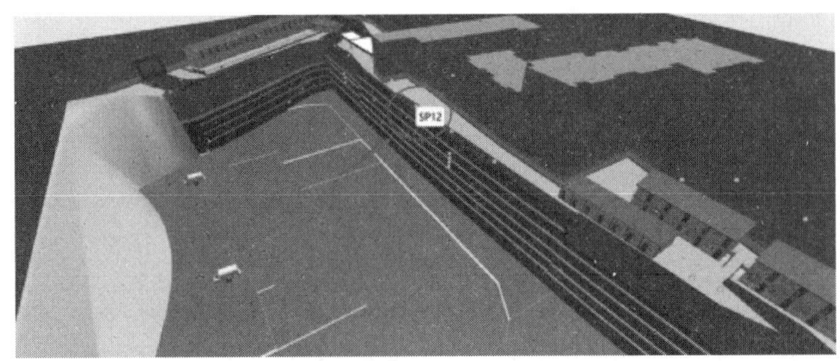

图 6.3-9　BIM 模型监测点信息查询示意图

6.3.5　工程应用

1. 工程概况

中部大观国际商贸中心二期工程，位于郑州市区，建筑面积约 19 万 m^2，基坑支护设计深度为 18.0 ~ 20.8m，平均深度为 19.5m。支护范围是基坑东、南、北共三边，长度约为 420m。其中场地东侧：北半部为一医院 3 层病房楼，病房楼距地库边线 2.7m，基础埋深为 -1.4m，基础形式为砖砌条形基础；东侧中部为 1 栋 7 层废弃家属楼，目前已拆迁至距场地红线 1.5m；东侧南部为一商贸城，地下室基础埋深约 -6m，距地库边线最近为 11.5m。基坑南侧 5m 为一钢筋加工场地与原材堆场上部附加荷载较大。

2. 地质水文概况

（1）工程地质

依据勘察报告，场地距地表 75.0m 范围内的地层，岩性全部为第四系松散沉积物。勘探深度范围内的地层分为 11 个工程地质层，基坑工程岩土地层参数见表 6.3-1。

岩土地层参数表　　表 6.3-1

层号	层名	重度（kN/m³）	黏聚力（kPa）	内摩擦角（°）	压缩模量（MPa）	地基承载力（kPa）
①	杂填土	18.0	5.0	10.0	—	—
②	粉土	17.4	14.0	27.0	7.1	120
③	粉土	18.1	14.0	28.0	10.1	150
④	粉土	18.3	15.0	29.0	9.1	140
⑤	粉质黏土	18.4	26.0	17.0	8.0	200
⑥$_{-1}$	粉土	18.3	15.0	29.0	16.5	240
⑥	粉砂	18.5	1.0	30.0	22.0	270
⑦$_{-1}$	粉质黏土	18.5	25.0	17.0	9.6	240
⑦	粉土	18.4	15.0	29.0	17.0	250
⑧	粉质黏土	18.5	29.0	18.0	9.6	240
⑨	粉质黏土	18.6	29.0	18.0	10.5	260

（2）水文地质

场地地下水类型为潜水，枯水期地下水初见水位在现地表下 18.90 ~ 20.4m，稳定地下水位埋深在现地面下 19.80 ~ 23.40m，基础施工阶段需进行基坑降水。

3. 应用效果

鉴于深基坑工程具有大深度、大体量，不确定性因素多、风险高等特点，目前行业内存在的传统基坑安全监测信息采集手段落后、隐患问题发现滞后等问题，基于 BIM+3D 激光扫描的复杂深基坑监测关键技术将 BIM、3D 激光扫描等技术引入到深基坑监测，融合各自技术优势，对 BIM 技术、3D 激光扫描在复杂深基坑监测中的拓展应用进行研究分析，以建设云平台为基础进行二次开发，实现深基坑监测数据的高效采集、储存、录入、分析及显示可视化的基坑安全监管平台的研发。一方面，充分发挥 BIM 技术的三维可视化，使基坑变形问题变得更加直观；另一方面，将三维激光扫描技术引入深基坑监测，由面式扫描的数据获取方式逐渐代替了传统的单点测量数据方式，极大地提高了数据获取效率、拓宽了采集范围，同时，更能客观反映基坑的整体变形。最后，使参建各方都能在同一个信息平台中协同工作，大大提高基坑安全监管的时效性与及时性，保证了在施基坑的安全性。此外，该技术的推广应用，在深基坑监测领域与实现深基坑全过程安全管理方面，具有极为重要的现实意义。